工程图学基础习题集

GONGCHENGTUXUE JICHU XITIJI

（第2版）

陆学斌　编著

同济大学出版社·上海

内 容 提 要

本习题集是为适应高等院校应用型和创新型人才培养模式的需求而编写的，是工科类专业学习“工程图学”课程的教学辅助用书。与陆学斌编著的《工程图学基础（第 2 版）》教材配套使用，全书中所列习题均经过认真严格的设计和编选。内容包括：概论、制图的基本知识与技能、基本几何元素的投影、曲线与曲面、平面立体、曲面立体、基本立体相贯、组合体和轴测投影图。

本习题集可供高等院校工科类专业的师生使用，也可供其他层次院校的师生和工程技术人员参考。

图书在版编目(CIP)数据

工程图学基础习题集 / 陆学斌编著. —2 版. —上海：同济大学出版社，2022. 8（2025. 8 重印）
ISBN 978-7-5765-0341-8

Ⅰ. ①工…　Ⅱ. ①陆…　Ⅲ. ①工程制图—习题集
Ⅳ. ①TB23-44

中国版本图书馆 CIP 数据核字(2022)第 150459 号

工程图学基础习题集(第 2 版)
陆学斌　编著
责任编辑　张崇豪　　**责任校对**　徐春莲　　**封面设计**　陈益平

出版发行　同济大学出版社　　www. tongjipress. com. cn
(地址：上海市四平路 1239 号　邮编：200092　电话：021-65985622)
印　　刷　常熟市大宏印刷有限公司
开　　本　787 mm×1092 mm　横 1/16
印　　张　15. 25
字　　数　380 000
版　　次　2022 年 8 月第 2 版
印　　次　2025 年 8 月第 4 次印刷
书　　号　ISBN 978-7-5765-0341-8

定　　价　48. 00 元

第2版前言

本习题集自2015年8月出版后，经国内多所高校7年的使用，得到了较高评价，受到了广大读者的欢迎。

本次再版的教材和习题集，根据教育部相关教学指导委员会最新修订的《工程图学课程教学基本要求》，以及最新颁布的《技术制图》与《机械制图》国家标准，结合高等院校工科类专业应用型专业人才培养目标编写而成。本习题集与陆学斌编著的《工程图学基础(第2版)》教材配套使用。

本习题集编写过程中，充分考虑近年来新工科背景下的专业要求，对习题集的内容认真设计、选择和组织，注重加强学生空间想象能力和图示表达能力的培养，突出应用型特征。此外，在保证与教材适宜的习题数量与难度外，增加了一定数量的提高题目，在使用过程中可根据学生的学习情况灵活取舍。

另外，本次再版，还更新了部分基础题目，修正了之前的多处错误。

本习题集编写过程中得到了章阳生、任宗义两位教授的大力支持与帮助，在此谨表达最诚挚的谢意！

本习题集编写过程中参考了较多相关的同类著作，特向有关作者致谢！由于编者水平有限，时间仓促，书中难免有疏漏之处，恳请同行及读者批评指正，以便今后继续改进。

编　者

2022年8月

第1版前言

本习题集根据教育部关于“画法几何及机械制图”课程教学基本要求和近年来颁布的国家标准，结合普通高等院校应用型工科类专业近年来对“工程图学”课程体系、课程内容的教学改革要求编写而成，本习题集与陆学斌编著的《工程图学基础》教材配套使用。

本习题集在编写的过程中对相关的内容进行了认真的设计、选择和组织，以加强基础思维能力和绘图能力训练为主要思路。所编选的习题难度适中，并有一定的余量，在使用过程中可根据学生的学习情况进行优化选择。

在本习题集编写过程中得到了章阳生、任宗义两位教授的大力支持与帮助，在此谨表达最诚挚的谢意！

本书在编写过程中参考了较多相关的同类著作，特向有关作者致谢。由于编者水平有限，书中难免有疏漏之处，恳请读者批评指正，以便今后继续改进。

编 者

2015年7月

目　　录

第 1 章　概　论

1　概论

班级:__________　姓名:__________　学号:__________

1. 查阅资料，试简述工程图学在本专业领域的应用。	2. 工程上常用的投影图有哪些？简述各自的优缺点及应用范围。

第 2 章　制图的基本知识与技能

2.1　国家标准的相关规定

班级：＿＿＿＿＿＿　姓名：＿＿＿＿＿＿　学号：＿＿＿＿＿＿

1. 字体练习

(1)

兰州理工大学技术工程院横平竖直注意起落结构均匀

填满方格字体工整笔画清楚间隔均匀排列整齐械制图

轴承螺纹紧固件键销连接齿轮弹簧焊滑动圆柱锥滚铆

1. 字体练习

(2)

技术要求表面粗糙度形状位置公差尺寸基准配合常用

视图投影左右主向局部斜全半阶梯旋转断面放大简化

装展细深沉小球网纹均布轮廓中心相贯对称剖切中断

 班级：________ 姓名：________ 学号：________

1. 字体练习

(3)

建筑工程专业设计制图审核比例日期说明东西南北平

立剖钢筋混凝土框架承重结构基础楼梯屋面门窗阳台

雨篷勒脚梁板柱水泥砂石砖木灰浆玻璃马赛克防潮层

班级：________ 姓名：________ 学号：________

1. 字体练习

(4)

城 市 道 路 给 排 水 暖 电 气 照 明 设 备 油 毡 隔 热 吊 顶 天 棚 檐

口 变 形 伸 缩 缝 百 页 预 留 孔 洞 现 浇 标 准 上 下 左 右 长 宽 前

后 尺 寸 大 小 形 状 消 防 材 料 宿 舍 装 配 空 调 管 网 布 置 铰 链

2.1 国家标准的相关规定

班级：________ 姓名：________ 学号：________

1. 字体练习

(5)

1234567890 1234567890

(6)

A B C D E F G H I J K L M N O P Q R

(7)

S T U V W X Y Z Ⅰ Ⅱ Ⅲ Ⅳ Ⅴ Ⅸ Ⅹ ϕ

(8)

abcdefghijklmnopqrstuvwxyz

α β γ δ η θ λ μ ν ξ π σ τ υ ϕ χ ψ ω

2.1 国家标准的相关规定

班级：＿＿＿＿＿＿ 姓名：＿＿＿＿＿＿ 学号：＿＿＿＿＿＿

1. 字体练习

(9)

12345678901234567890

(10)

ABCDEFGHIJKLMNOPQR

(11)

STUVWXYZ Ⅰ Ⅱ Ⅲ Ⅳ Ⅴ Ⅸ Ⅹ Ø

(12)

abcdefghijklmnopqrstuvwxyz

$\alpha\ \beta\ \gamma\ \delta\ \eta\ \theta\ \lambda\ \mu\ \nu\ \xi\ \pi\ \sigma\ \tau\ \upsilon\ \phi\ \chi\ \psi\ \omega$

2.1 国家标准的相关规定

班级:__________ 姓名:__________ 学号:__________

2. 将所给的图线、图形及箭头抄画在指定位置（按照1∶1的比例）。

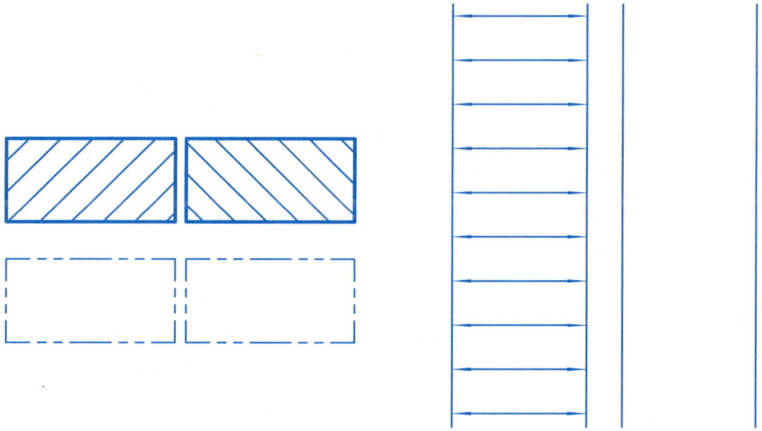

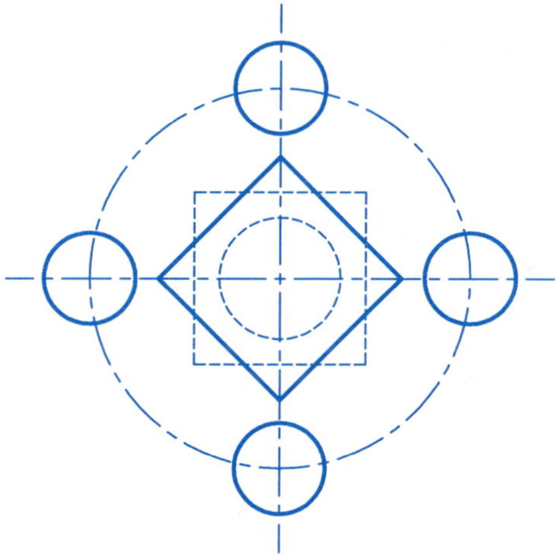

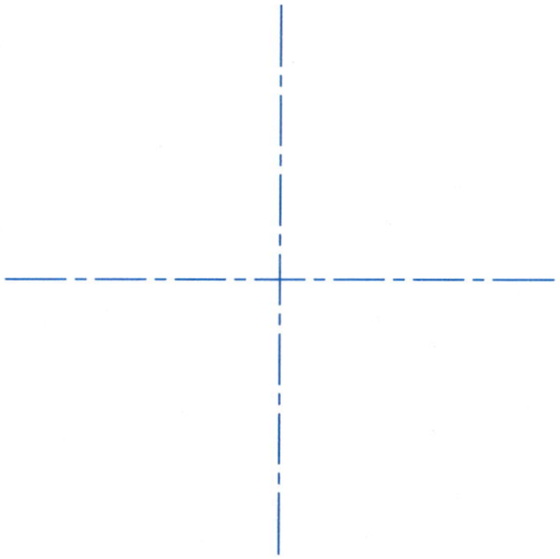

2.2　尺寸标注练习

班级：________　姓名：________　学号：________

1. 标注各方向的线性尺寸并标注右边所给线段的长度（在图上直接量取长度并取整）。

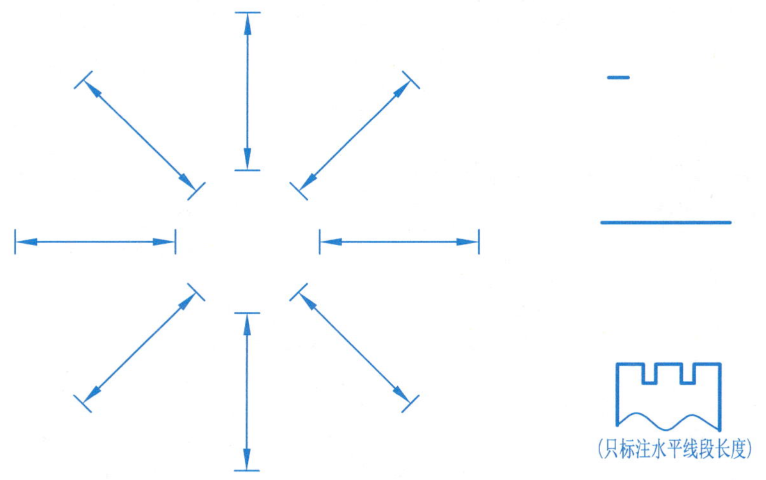

2. 标注圆的直径。

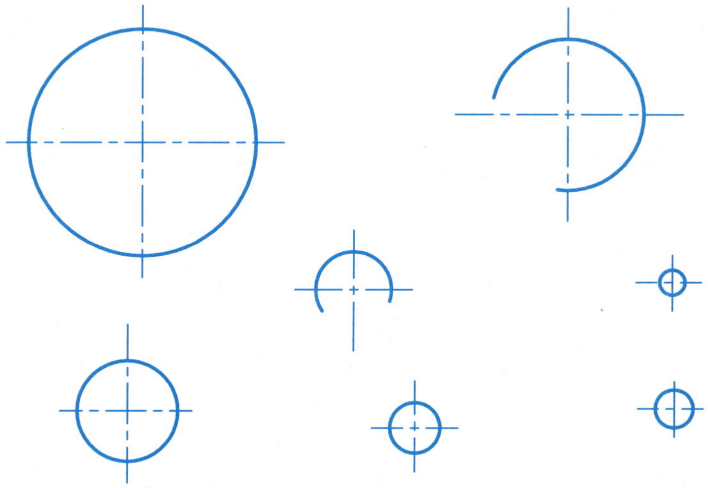

3. 标注圆弧的半径。

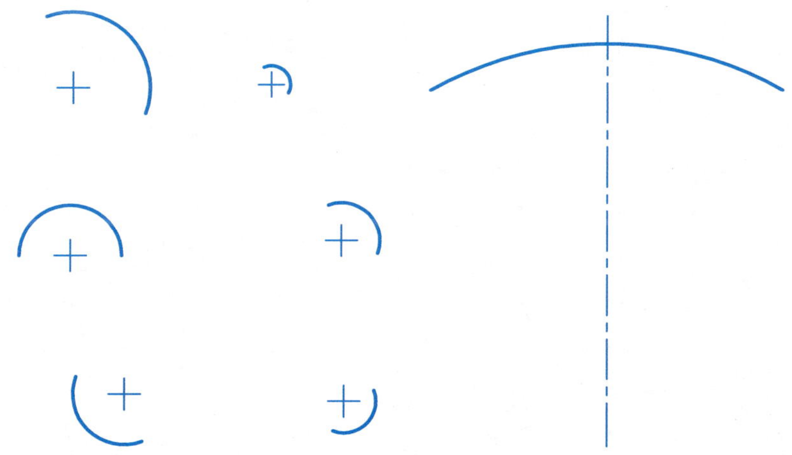

4. 标注角度。

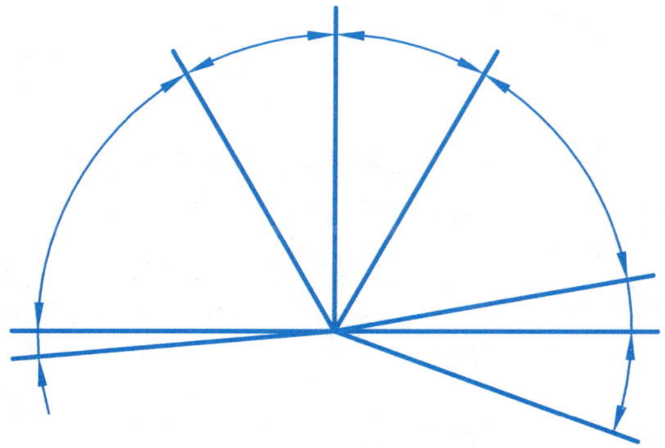

2.3 几何作图

班级：________ 姓名：________ 学号：________

1. 在直线mn上作一点k，使$mk:kn$=3∶2，保留作图痕迹。

2. 画所给圆的内接正六边形，保留作图痕迹。

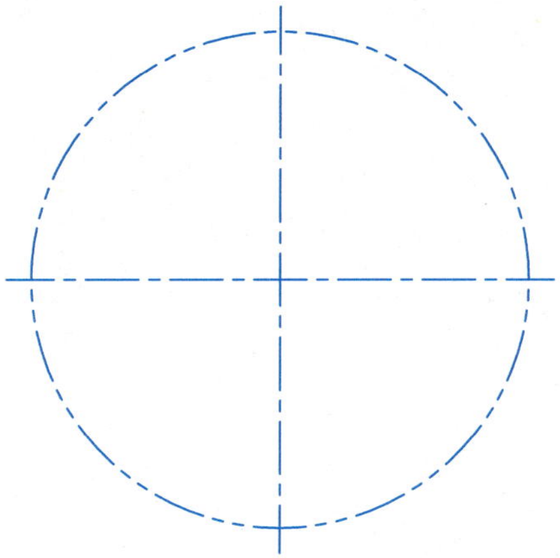

3. 画所给圆的内接正七边形，保留作图痕迹。

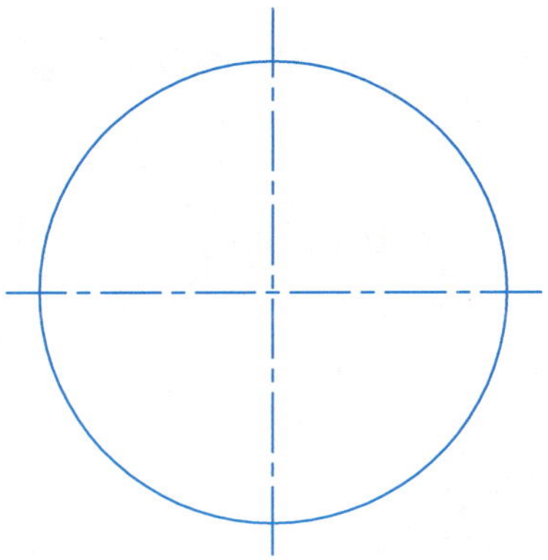

4. 按照各图所给的尺寸将图形补充完整，保留作图痕迹。

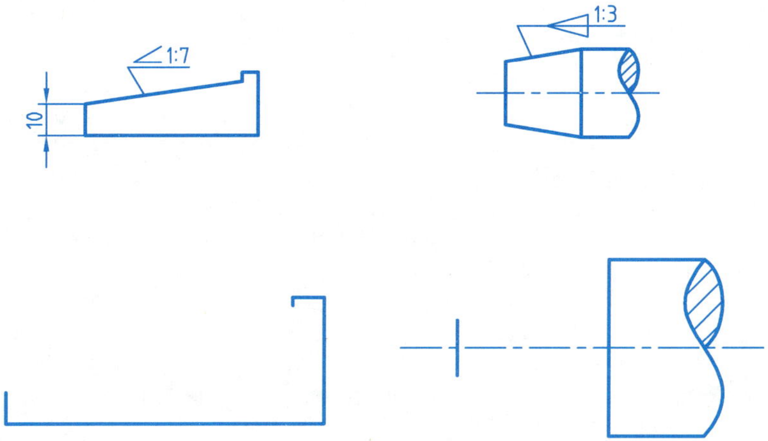

班级:________ 姓名:________ 学号:________

5. 按照各图所给的尺寸,在下方抄画图形,并保留作图痕迹。

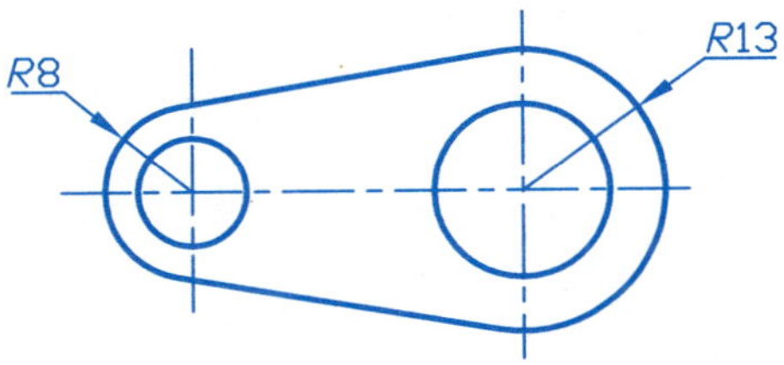

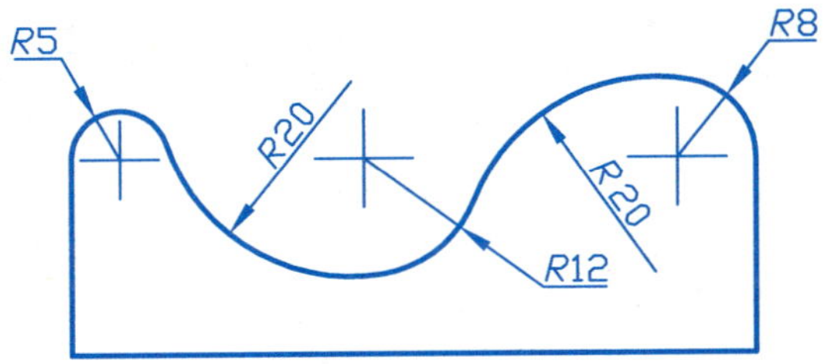

2.3 几何作图

班级：＿＿＿＿＿＿ 姓名：＿＿＿＿＿＿ 学号：＿＿＿＿＿＿

6. 按照图1所给尺寸，在下方用两种不同方法绘制椭圆，保留作图痕迹。

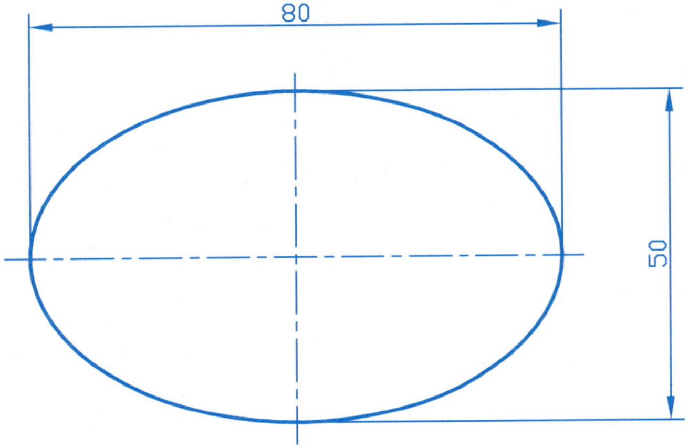

图1

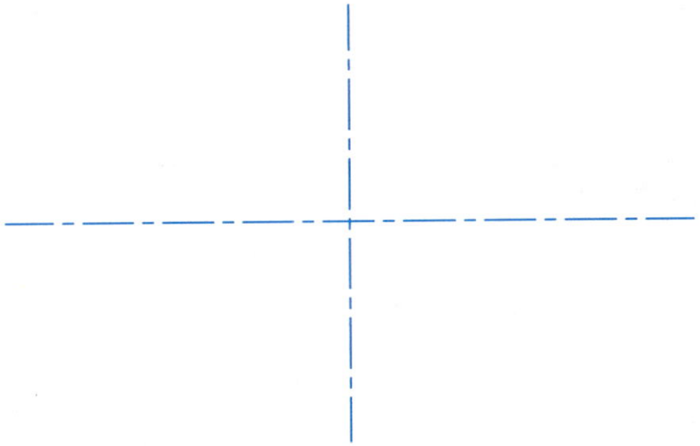

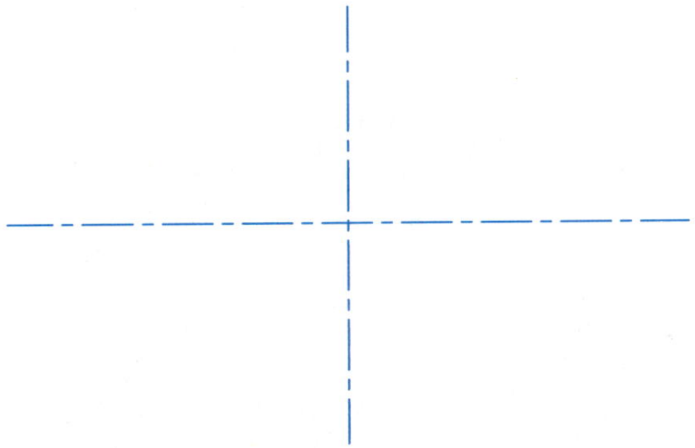

2.4 平面图形的综合练习

班级:________ 姓名:________ 学号:________

1.将下列图形用2:1的比例抄画在A3图纸上，并标注给出的尺寸。

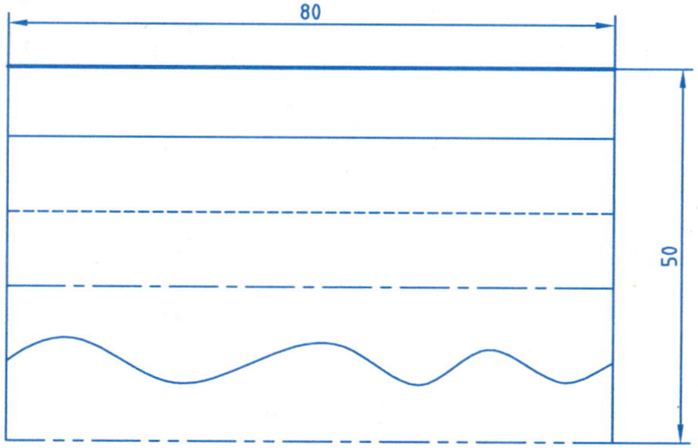

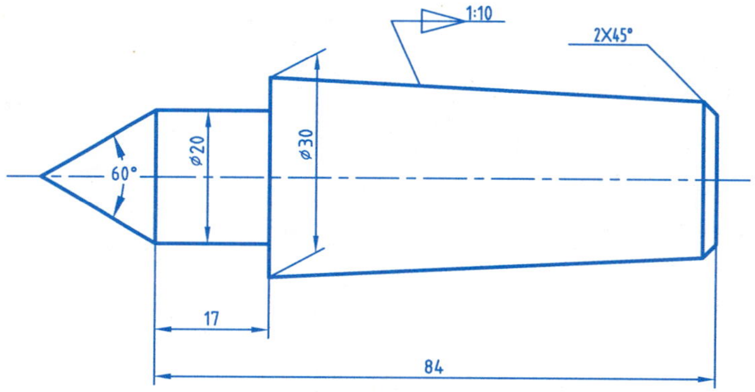

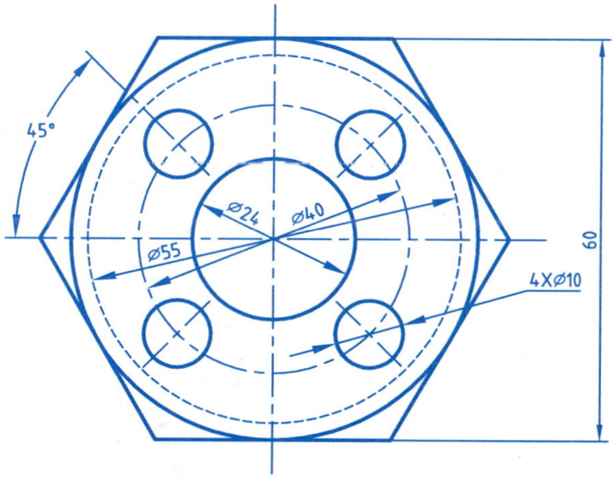

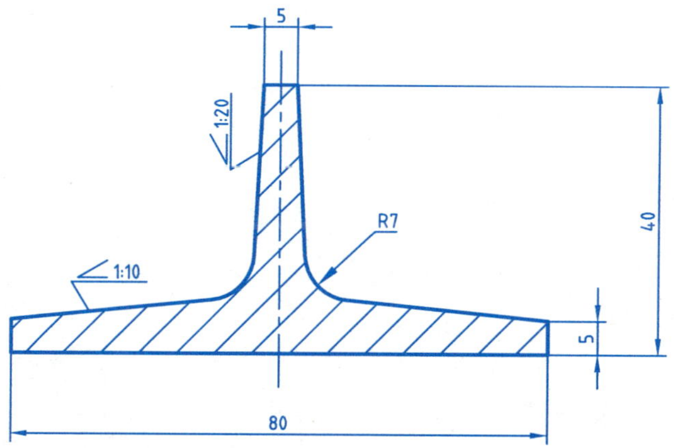

2.将下列图形采用恰当的比例抄画在A3图纸上,并标注给出的尺寸。

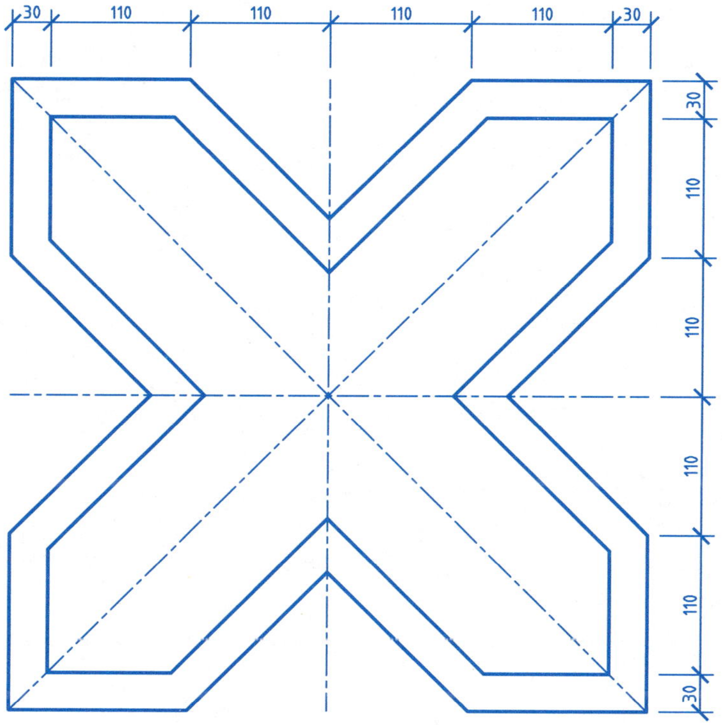

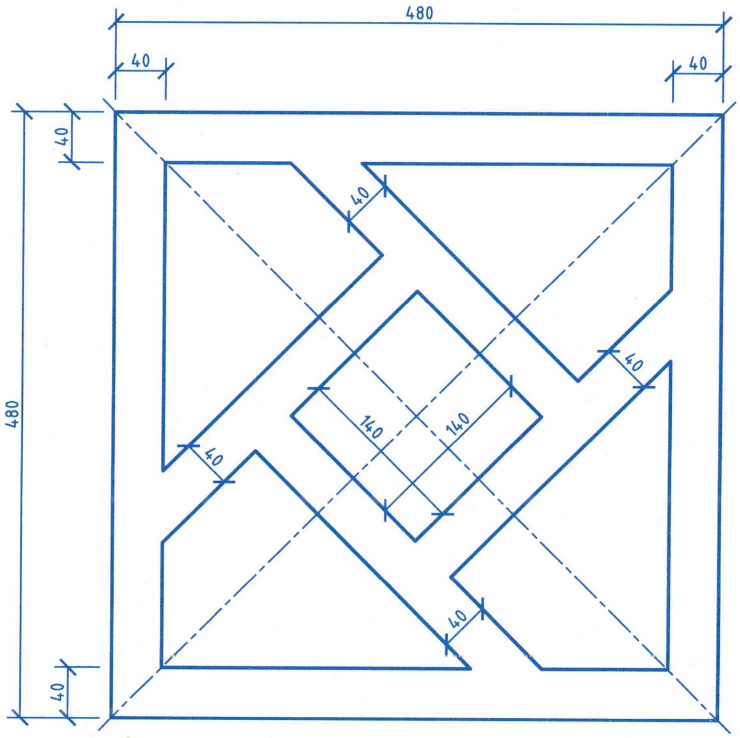

班级:________ 姓名:________ 学号:________

3. 在A3图纸上用适当的比例抄画下图,并标注给出的尺寸。

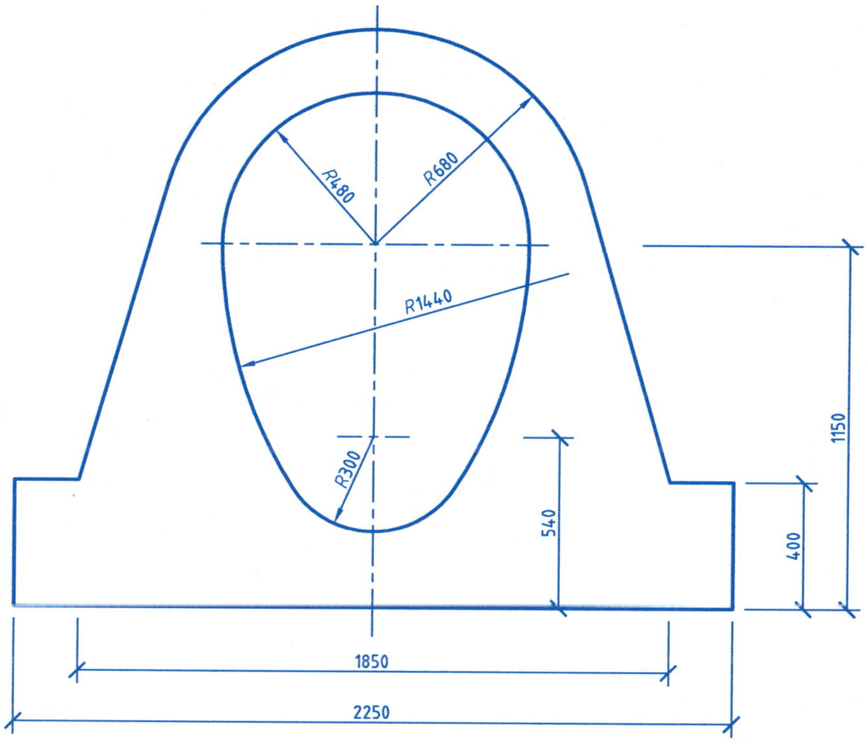

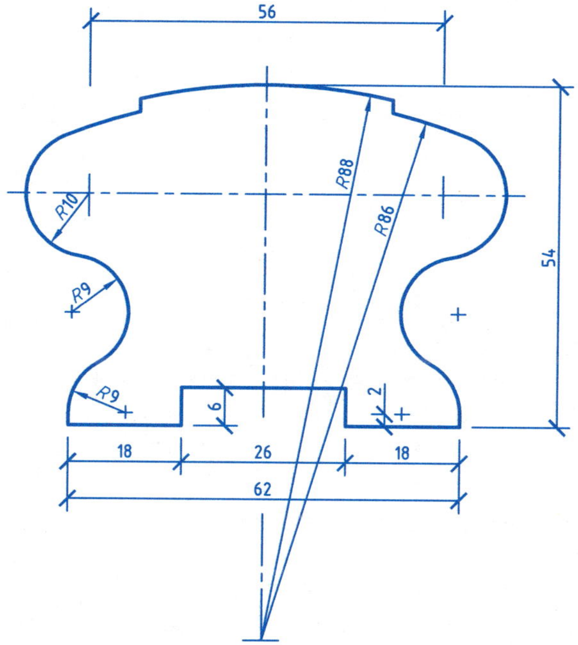

2.4 平面图形的综合练习

班级：________ 姓名：________ 学号：________

4.根据图中所给尺寸，在A3图纸上用2∶1或者1∶1的比例作出下图，并标注尺寸。

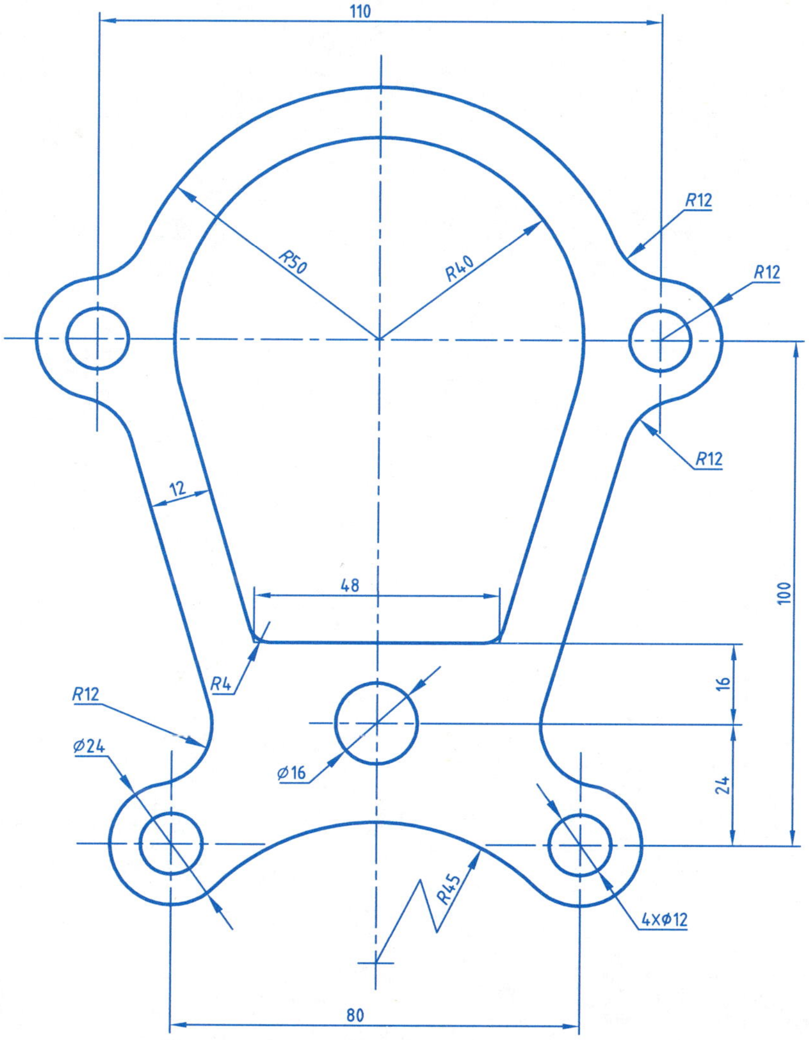

5.根据图中所给尺寸，在A3图纸上用2∶1或者1∶1的比例作出下图，并标注尺寸。

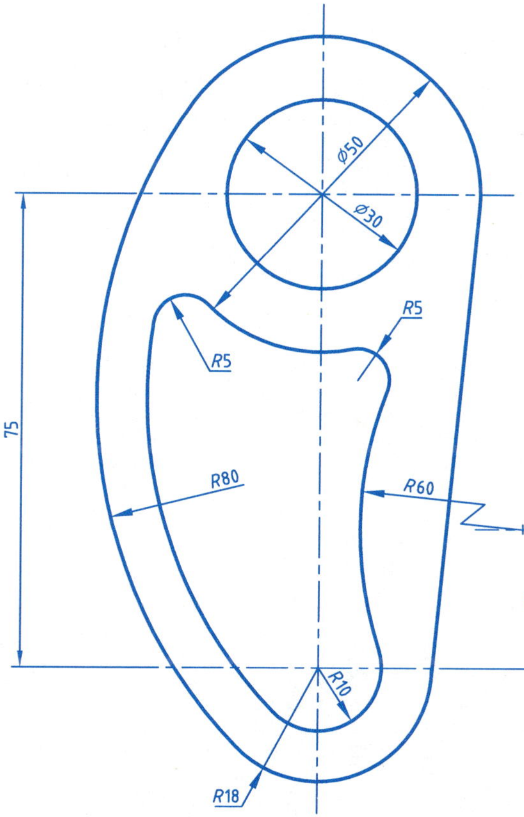

2.4 平面图形的综合练习

班级:________ 姓名:________ 学号:________

6. 根据图中所给尺寸，在A3图纸上用2∶1或者1∶1的比例作出下图，并标注尺寸。

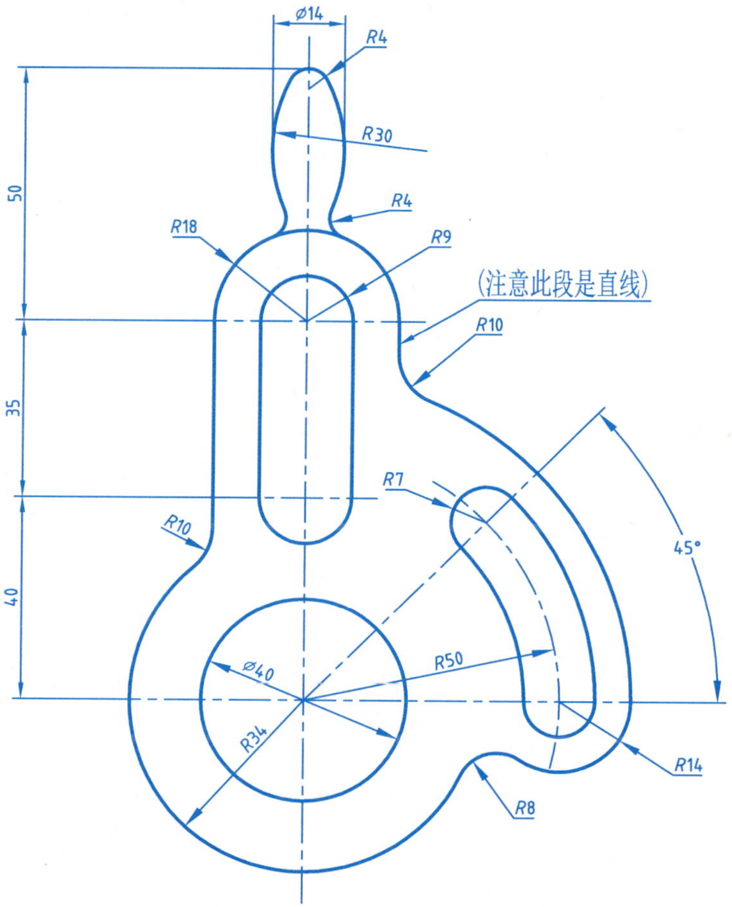

7. 根据图中所给尺寸，在A3图纸上用2∶1或者1∶1的比例作出下图，并标注尺寸。

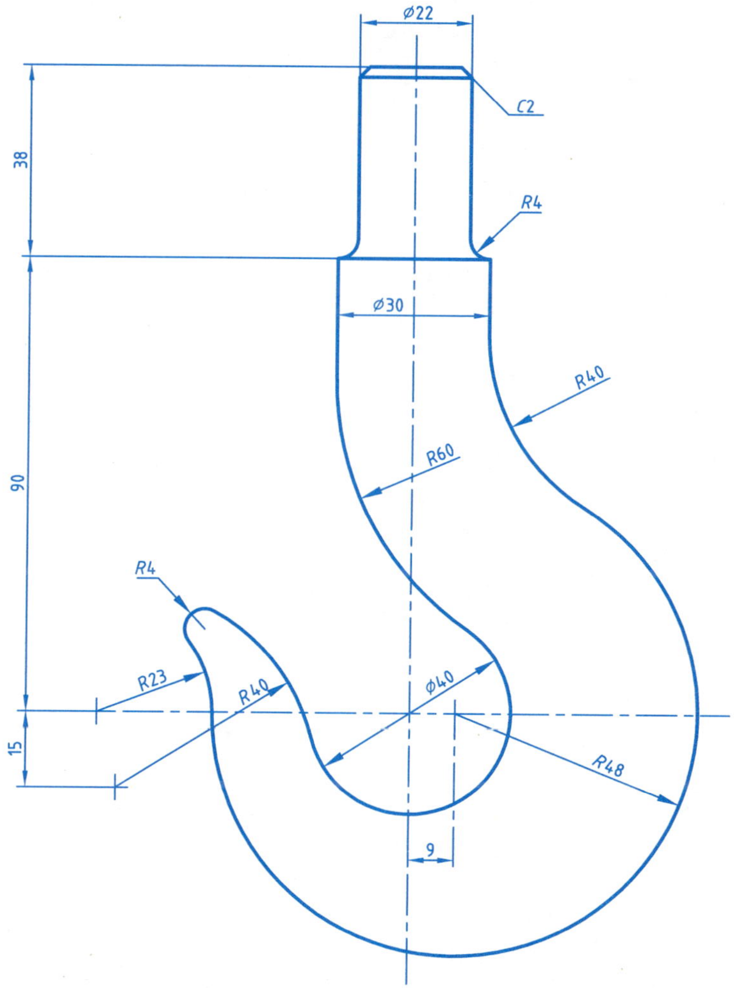

第 3 章　基本几何元素的投影

3.1　点的投影

班级:________　姓名:________　学号:________

1. 已知点 $A(38, 30, 30)$、点 $B(20, 0, 15)$、点 $C(0, 20, 0)$，求其三面投影。

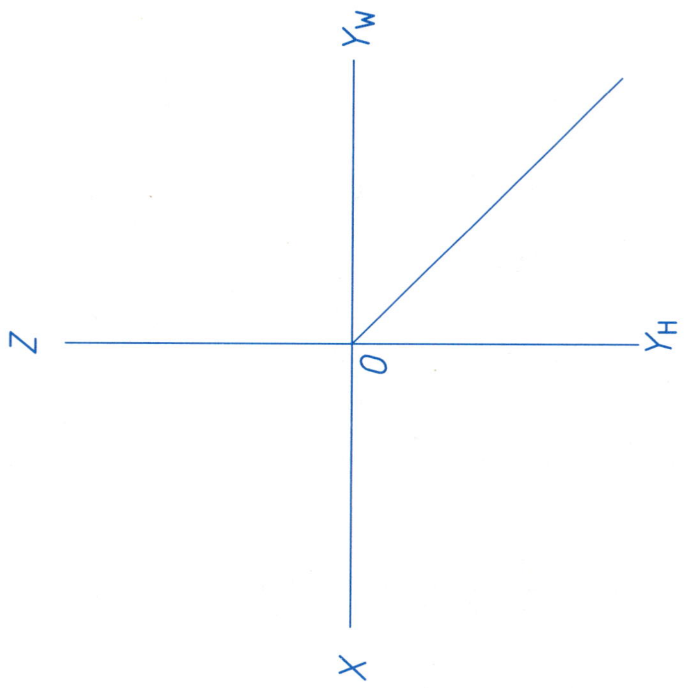

2. 根据投影图，量出各点坐标，并写在右下方括号中。

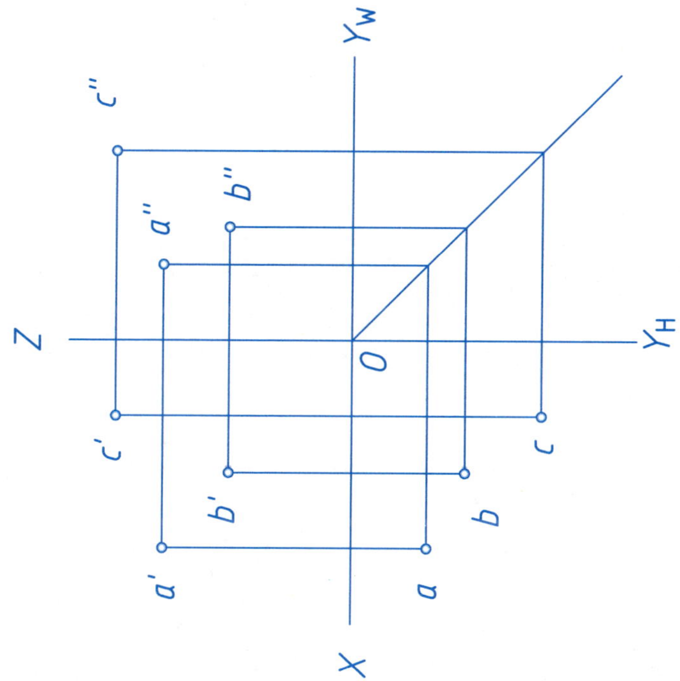

各点坐标为:

A(　,　,　)

B(　,　,　)

C(　,　,　)

3.1 点的投影

班级:__________ 姓名:__________ 学号:__________

3. 已知点A、点B、点C的两面投影，求其第三面投影。

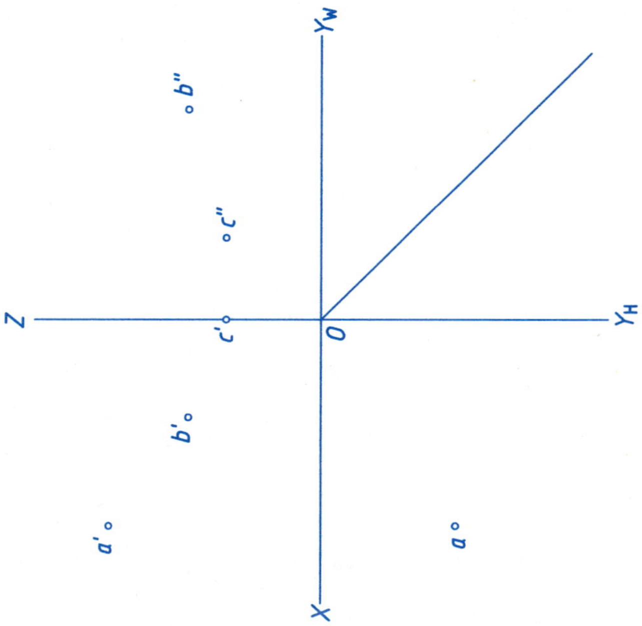

4. 已知点A(30, 17, 16)、点B(30, 17, 11)、点C(17, 17, 30)、点D(11, 17, 30)，求其三面投影并判别可见性。

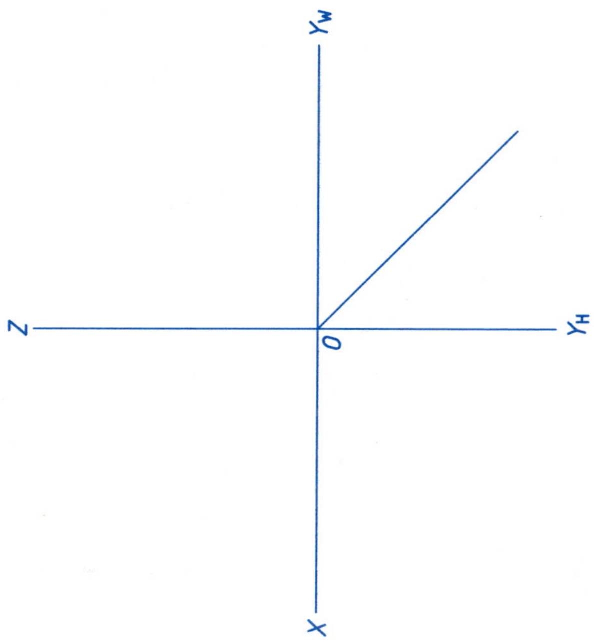

班级：______ 姓名：______ 学号：______

5. 比较A,B,C三点的相对位置。

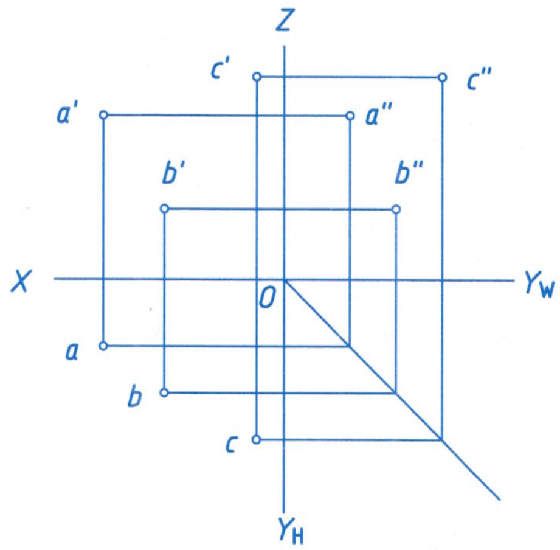

A点在B点的：

（左、右）______mm

（前、后）______mm

（上、下）______mm

C点在B点的：

（左、右）______mm

（前、后）______mm

（上、下）______mm

C点在A点的：

（左、右）______mm

（前、后）______mm

（上、下）______mm

6. 已知点B在点A的右边18mm，前方11mm，上方12mm；点C在点A的正后方11mm；请作出点B和点C的三面投影。

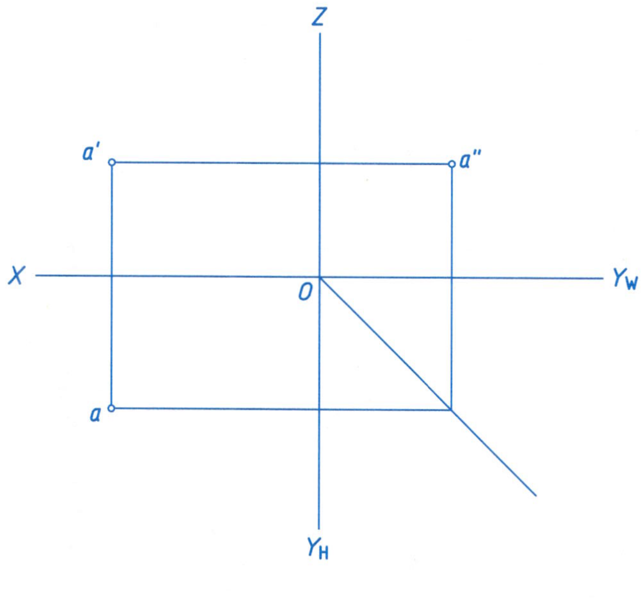

1. 已知直线两端点$A(27, 10, 10)$和点$B(8, 25, 30)$，求直线AB的三面投影。

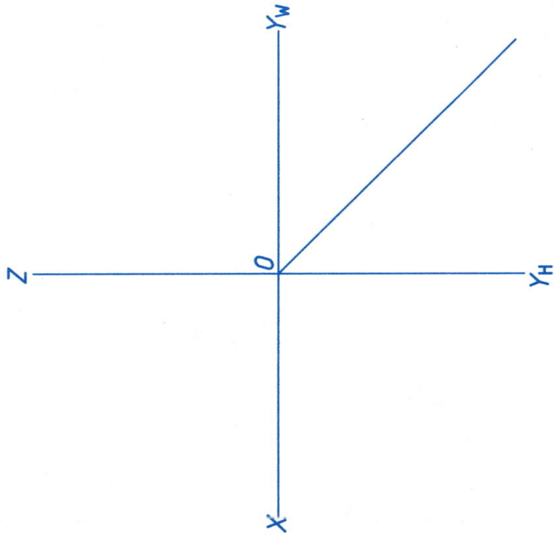

2. 作出直线的三面投影。

①已知直线AB的两面投影。

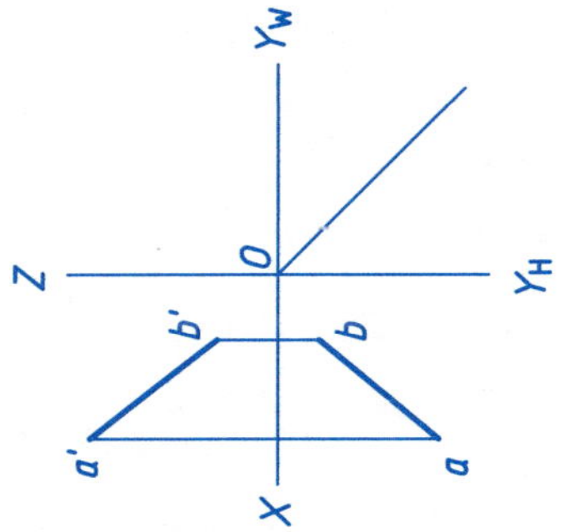

②已知直线CD上的点D距H面18mm。

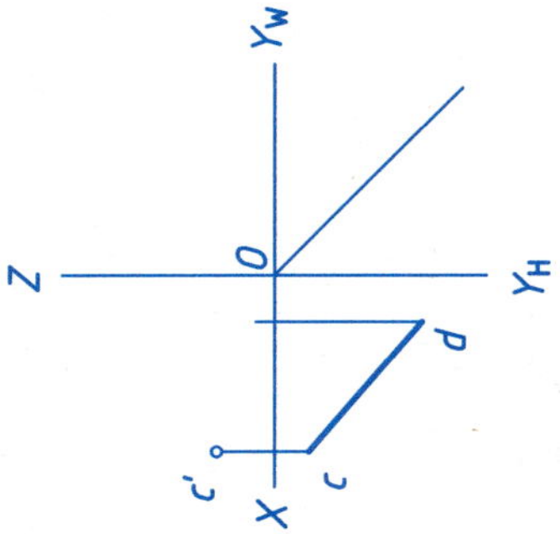

3.2 直线的投影

班级：________ 姓名：________ 学号：________

3. 写出下列各直线的名称。

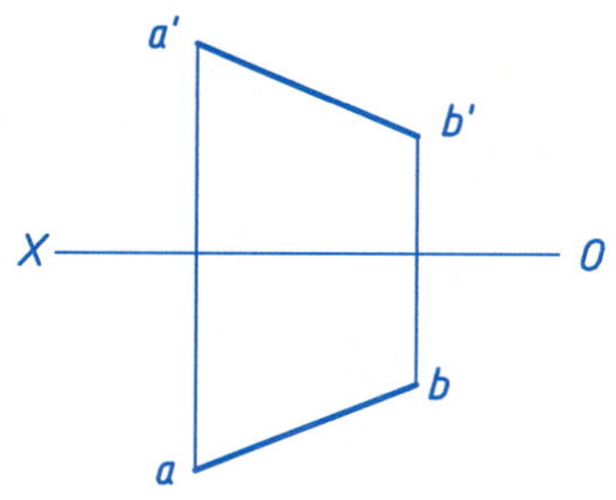

AB是________线

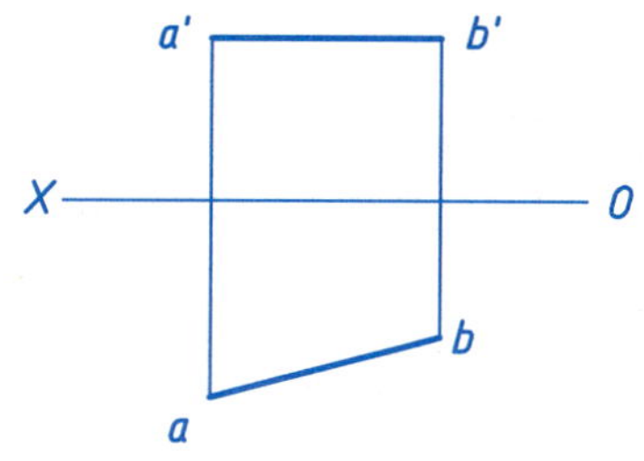

AB是________线

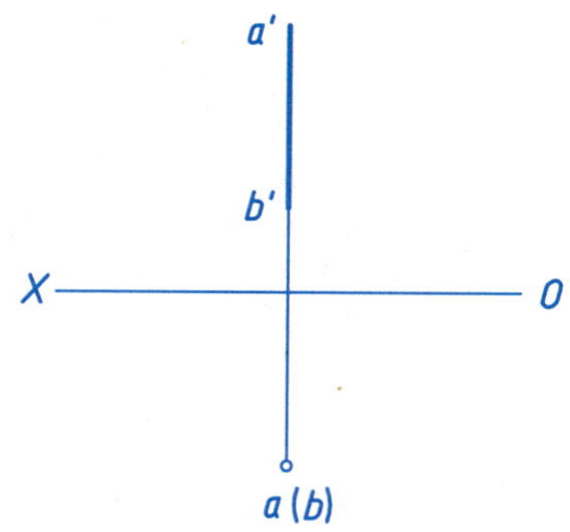

AB是________线

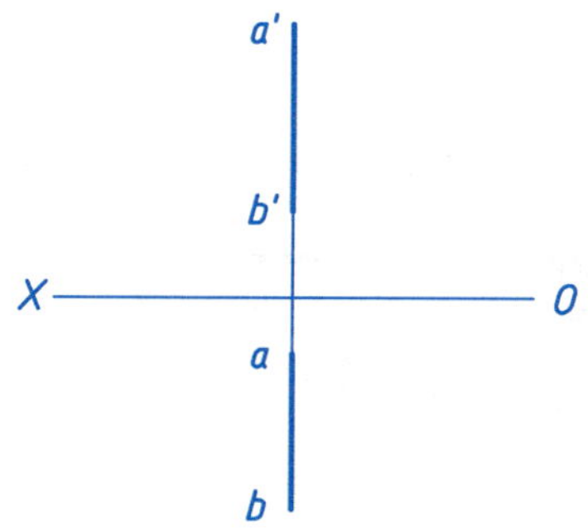

AB是________线

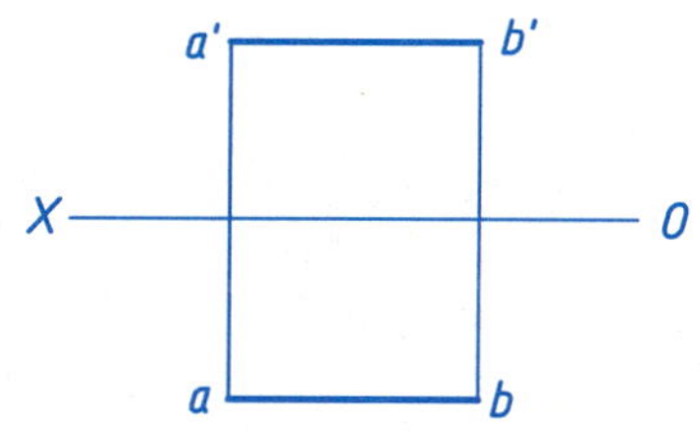

AB是________线

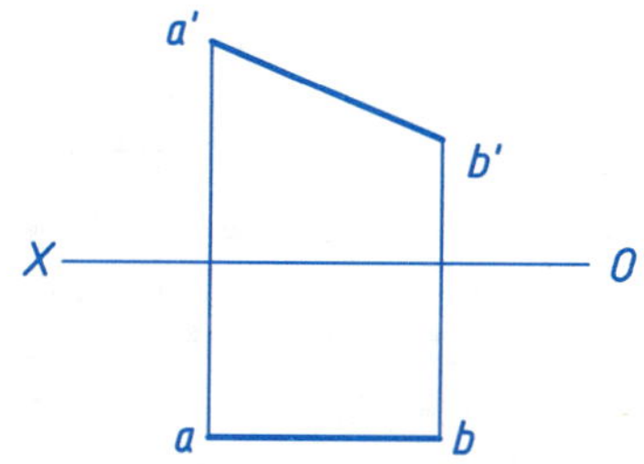

AB是________线

4. 作出直线AB, CD的三面投影，已知条件如下：

①直线AB为水平线，AB=12mm，倾角β=30°；②直线CD为正平线，CD=12mm，倾角α=45°。

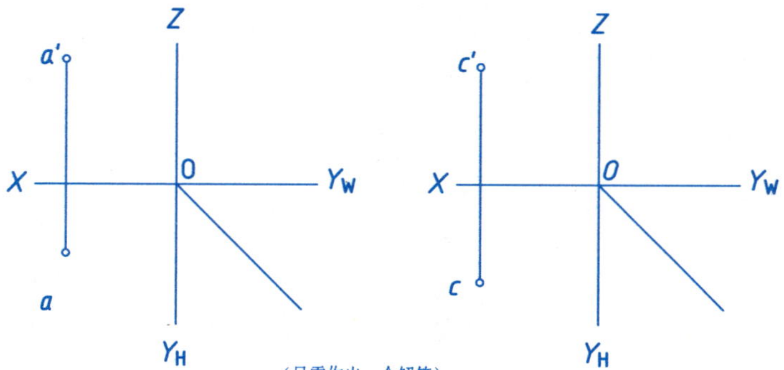

（只需作出一个解答）

5. 作出线段AB的实长及对投影面的倾角α，β，γ。

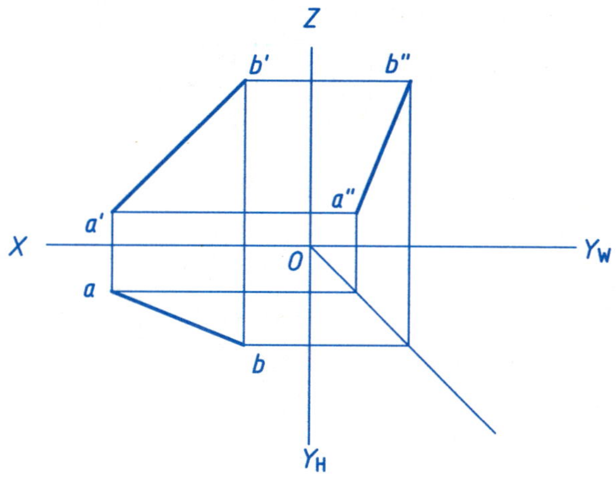

6. 已知线段AB的投影$a'b'$和a，倾角α=30°，完成它的投影。

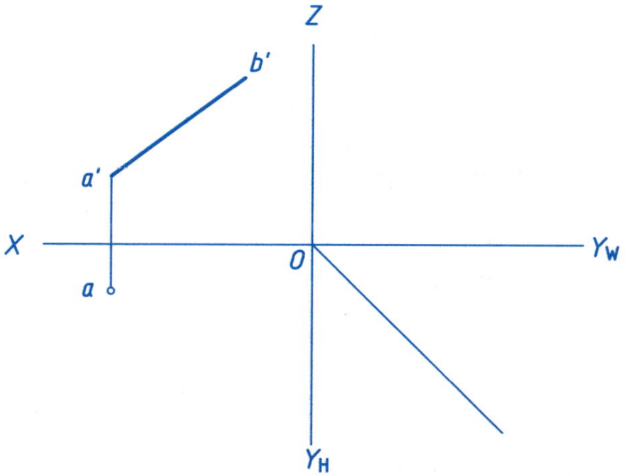

7. 已知线段AB的投影ab和a'，实长为30mm，完成它的投影（只需作出一个解答）。

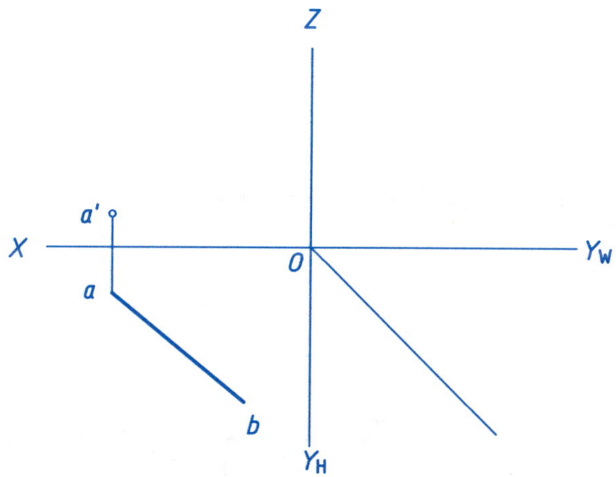

3.2 直线的投影

班级：________ 姓名：________ 学号：________

8. 点K在直线AB上，已知k'，求点K的水平投影。

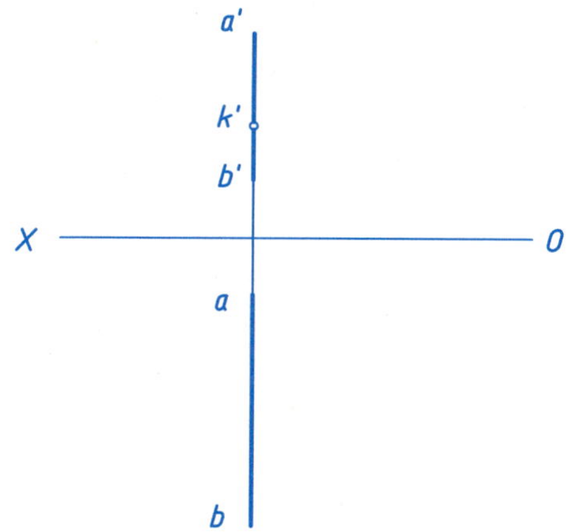

9. 直线AB上有一点K距H面15mm，求点K的两面投影。

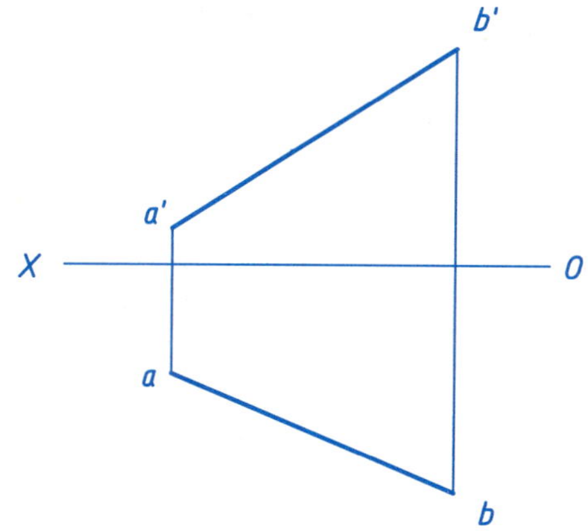

10. 已知点C在直线AB上，作点C的两面投影，使AC∶CB=1∶2。

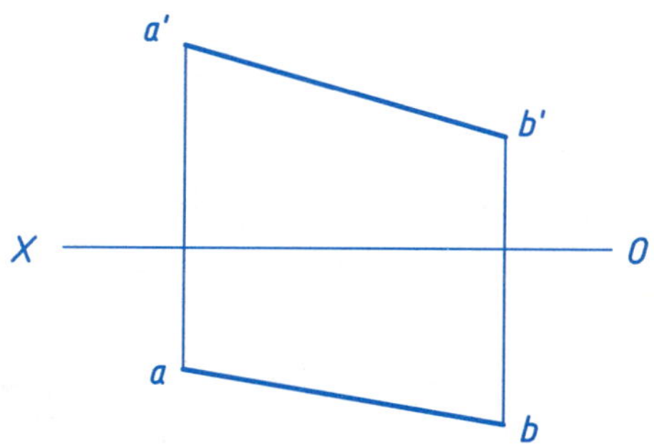

11. 已知点C在直线AB上，作点C的两面投影，使AC=20mm。

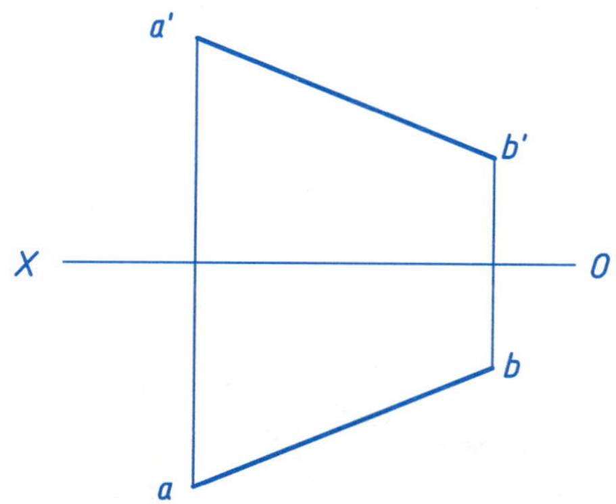

12. 判断两直线*AB*和*CD*的相对位置（平行、相交、交叉）。

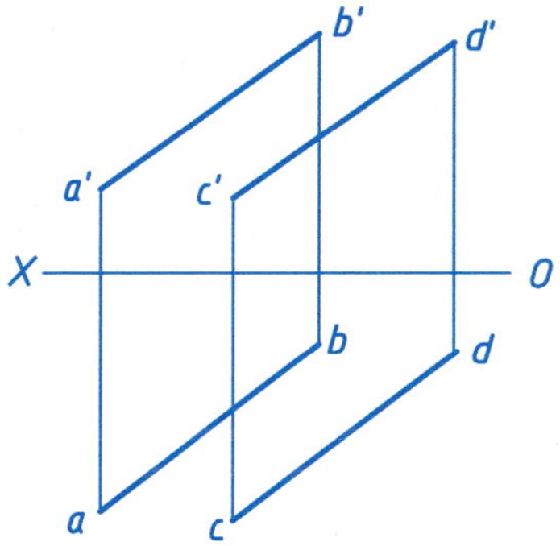

____

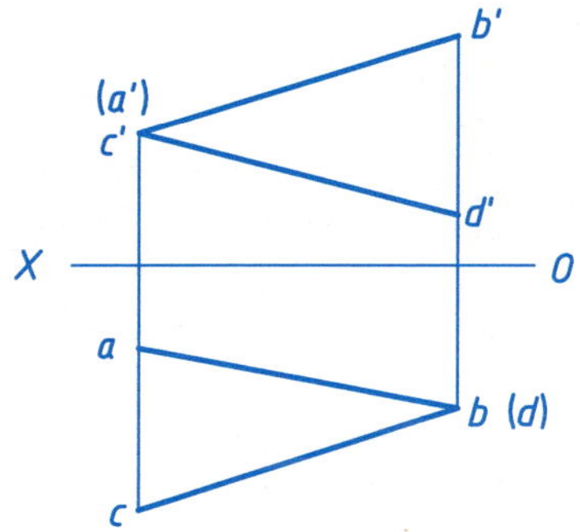

____

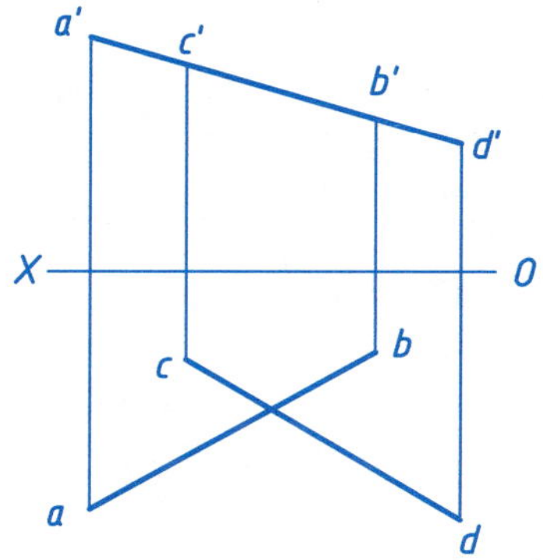

____

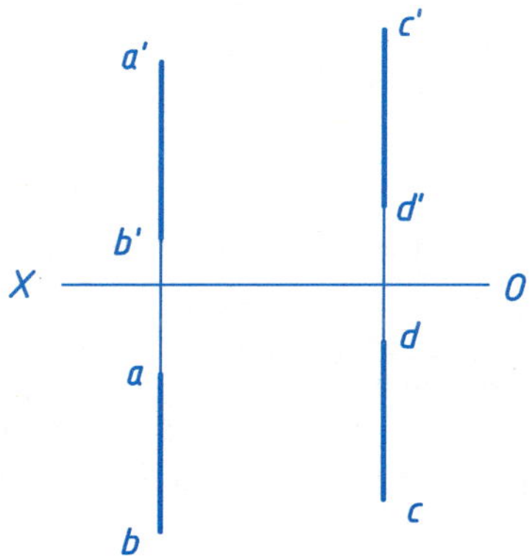

____

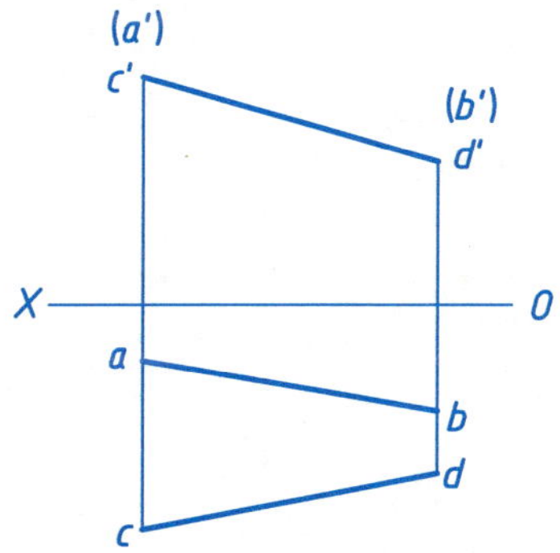

____

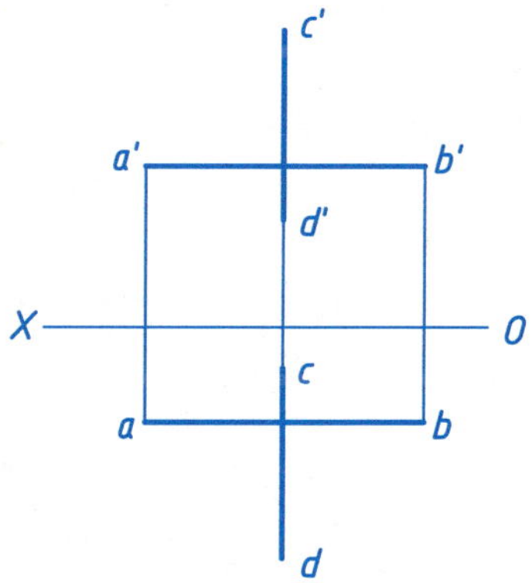

____

13. 已知AB，CD为两相交直线，试完成其投影。

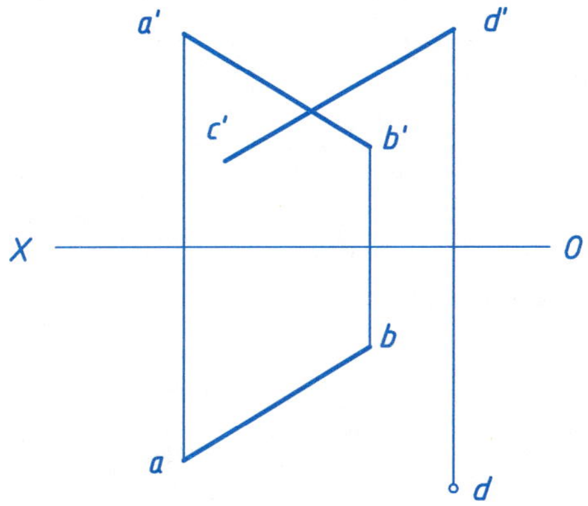

14. 标注出各个重影点的正面投影和水平投影。

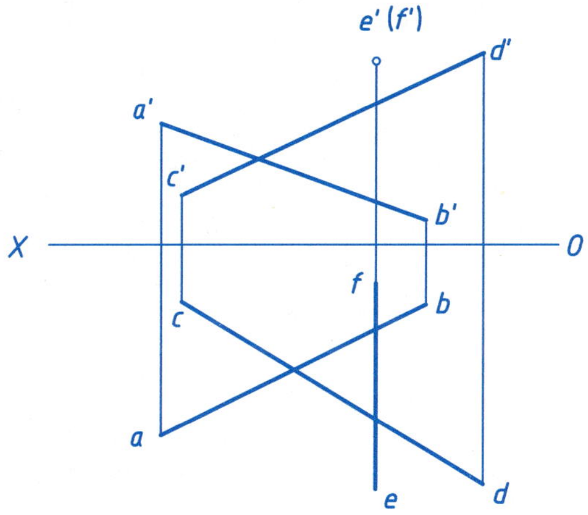

15. 过点K作一直线，使其与两直线AB，CD均相交。

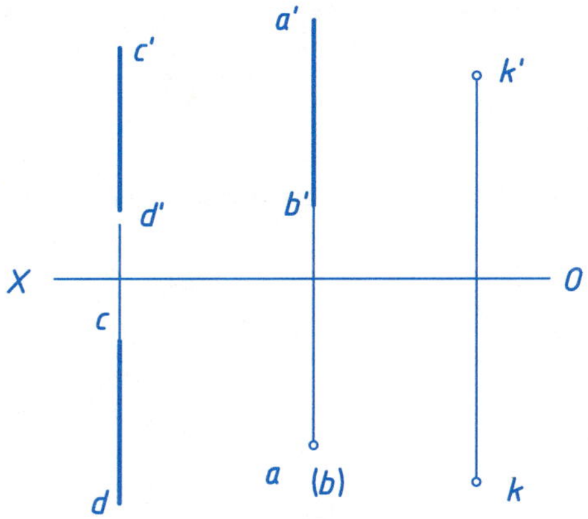

16. 试作一直线与直线EF平行，且与直线AB，CD相交。

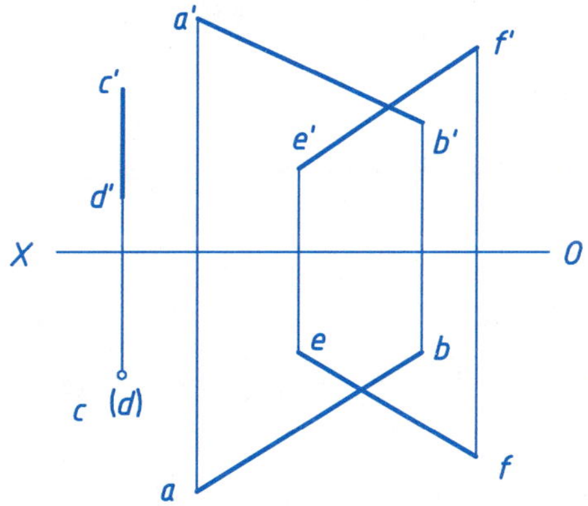

3.2 直线的投影

班级:__________ 姓名:__________ 学号:__________

17. 直线CD//V面，实长25mm，与直线AB相交，完成直线CD的三面投影。

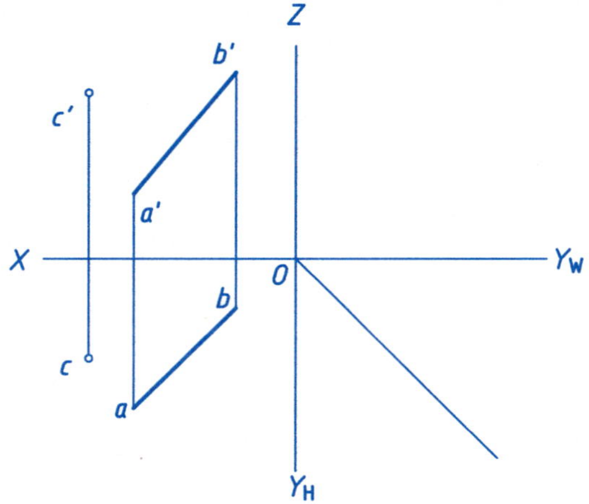

18. 已知AB为水平线，作出等腰三角形ABC（C为顶点）的水平投影。

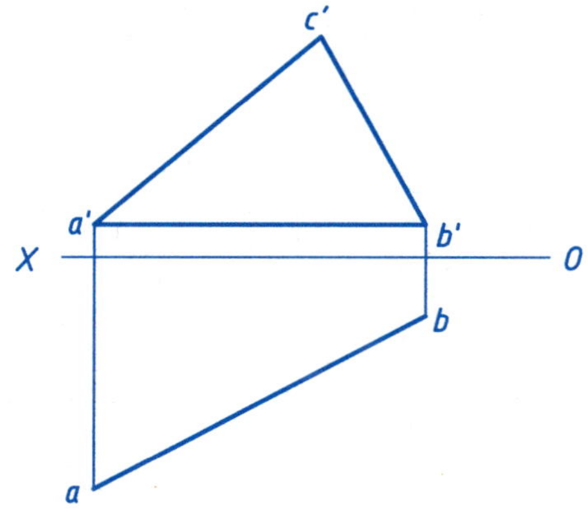

19. 正平线CM是等腰△ABC的高，点A在H面上，点B在V面上，作出△ABC的投影。

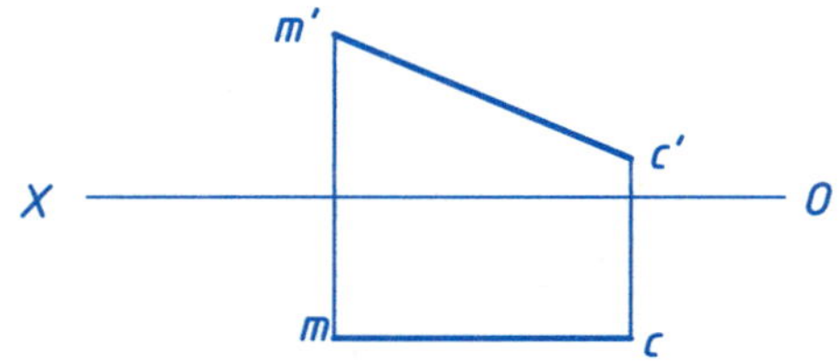

20. 作正方形$ABCD$的两投影，AC为一对角线，另一对角线为正平线。

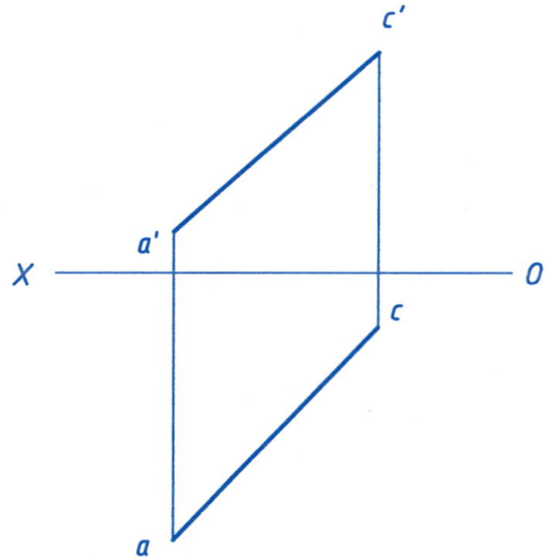

3.3 平面的投影

班级:__________ 姓名:__________ 学号:__________

1. 判断下列平面相对投影面的位置，说明是属于哪种位置的平面。

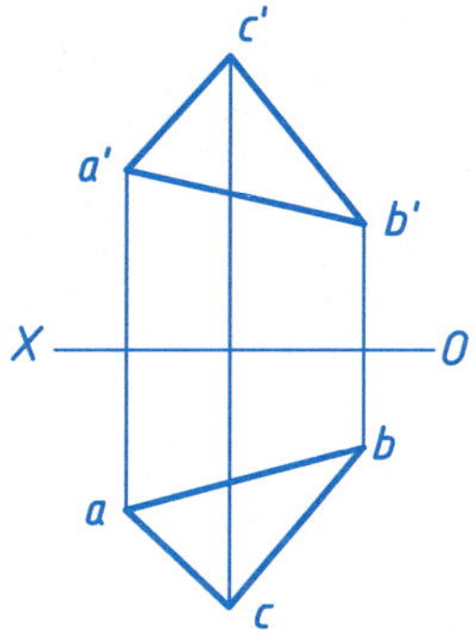

是______面

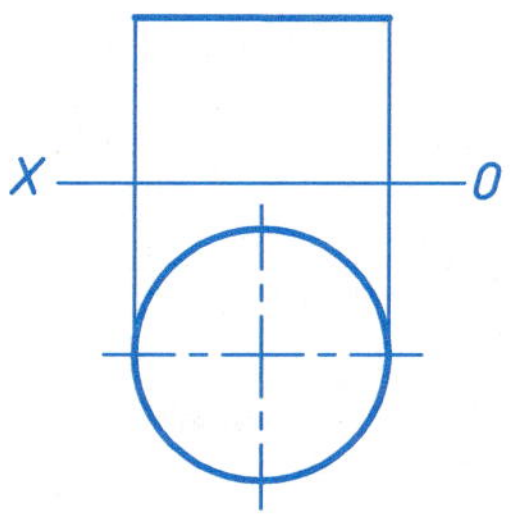

是______面

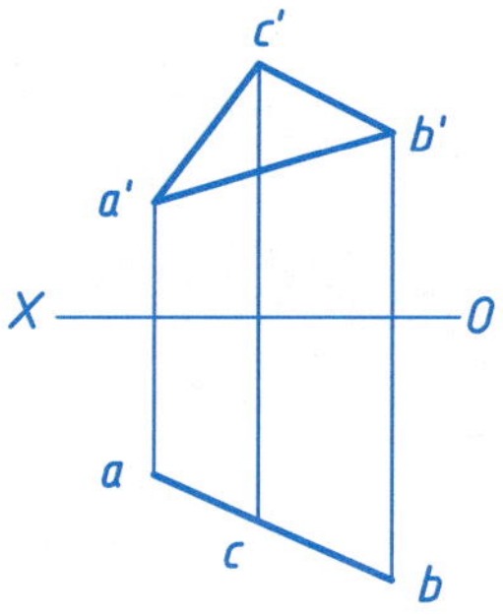

是______面

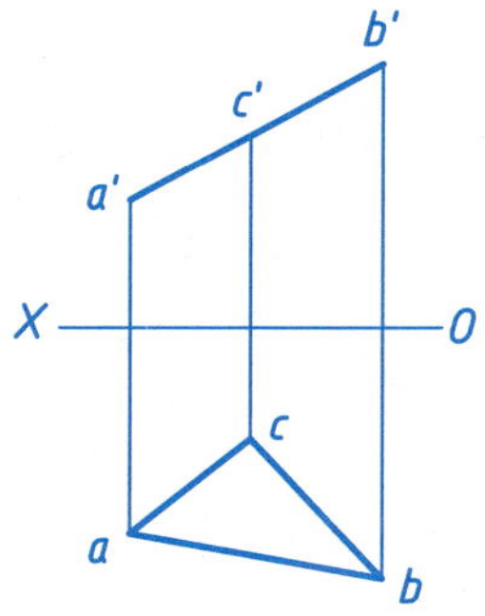

是______面

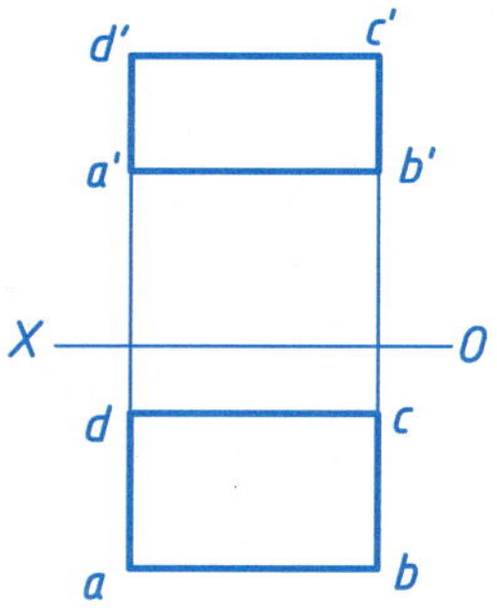

是______面

是______面

2. 作出平面图形的水平投影。

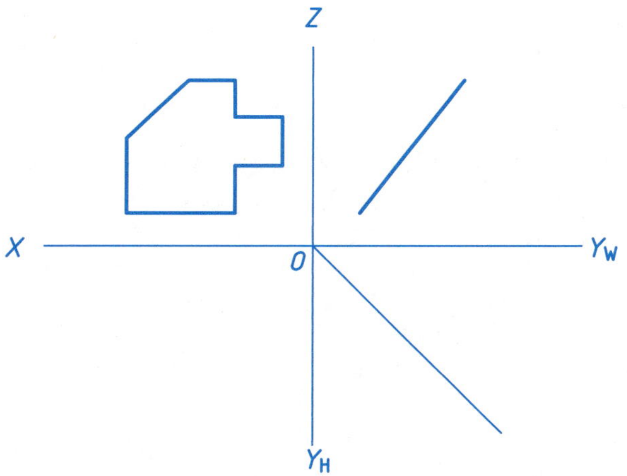

3. 作出平面图形的侧面投影。

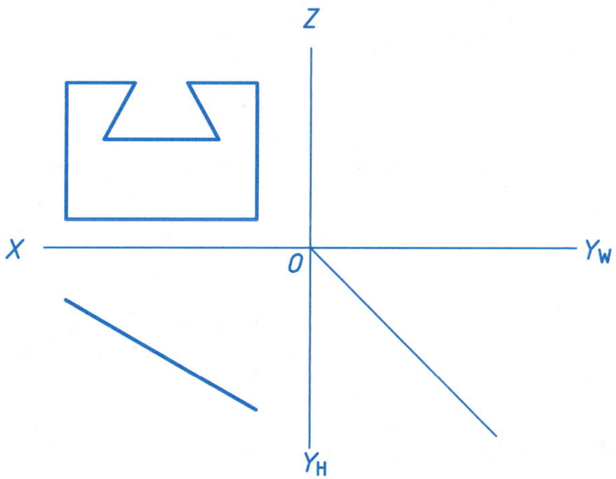

班级:________ 姓名:________ 学号:________

4. 作位于正平面上的等边三角形ABC的三面投影。

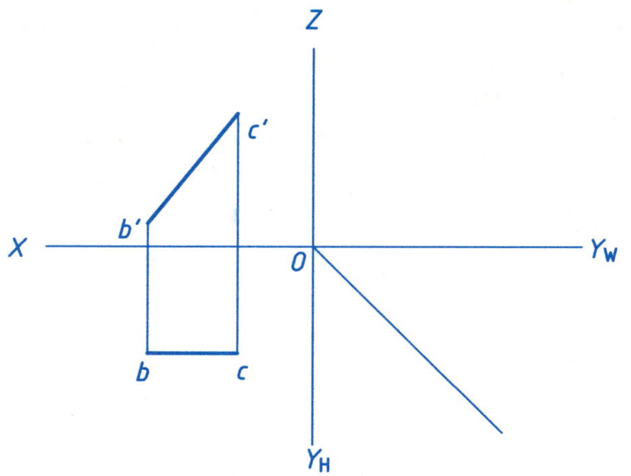

5. 判断点K、点M和直线AD是否在平面ABC上(填“在”或“不在”)。

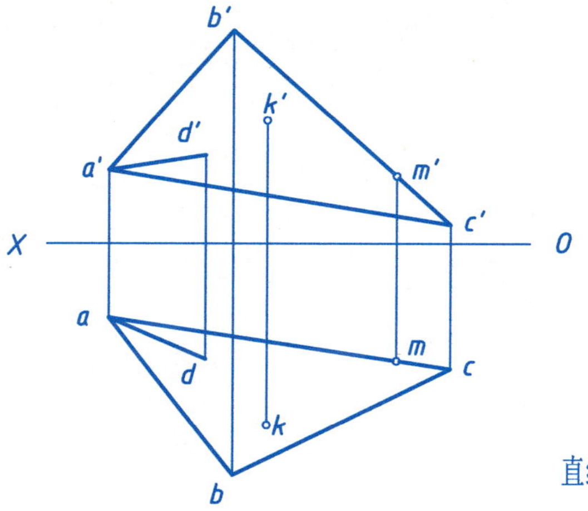

点K____平面ABC上

点M____平面ABC上

直线AB____平面ABC上

6. 完成平面五边形$ABCDE$的两面投影。

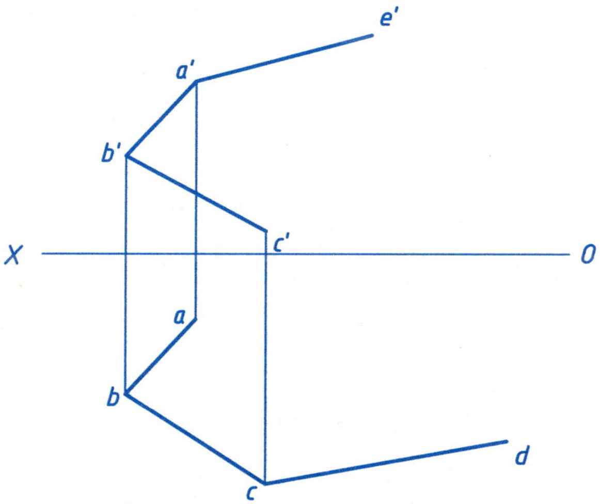

7. 完成平面图形$ABCDEF$的正面投影。

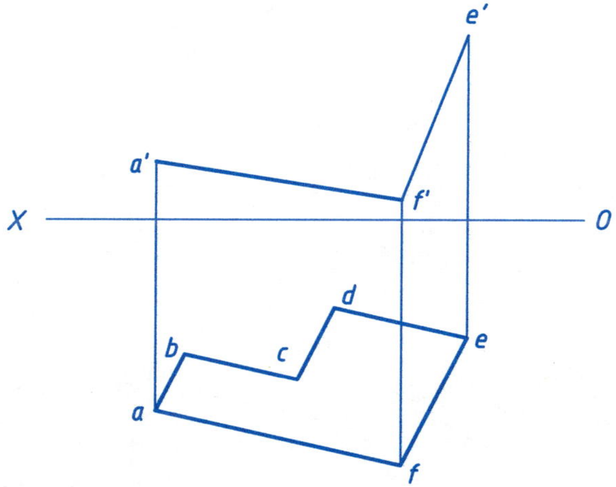

班级：______ 姓名：______ 学号：______

8. 在△*ABC*平面内已知直线*EF*的正面投影及直线*MN*的水平投影，求*ef*和*m'n'*。

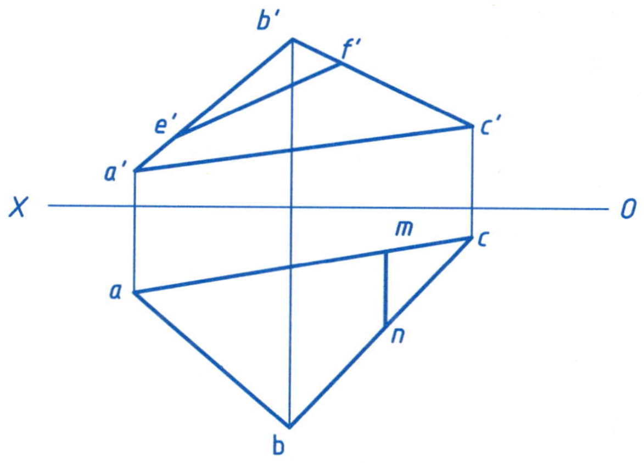

9. 在由相交直线*AB*,*CD*组成的平面内，过点*K*作一正平线*EF*。

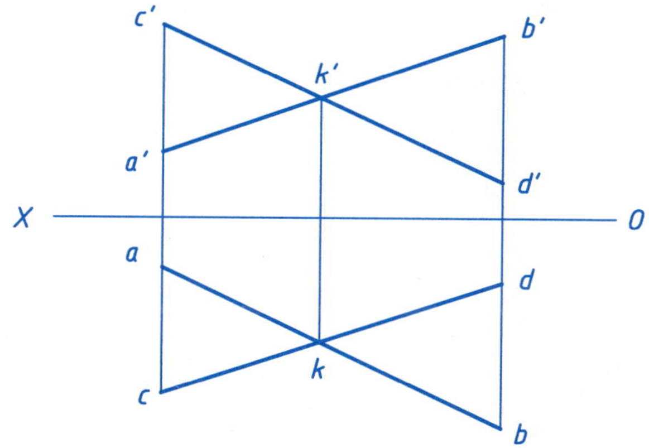

10. 求平面*ABC*与*H*面的*α*角。

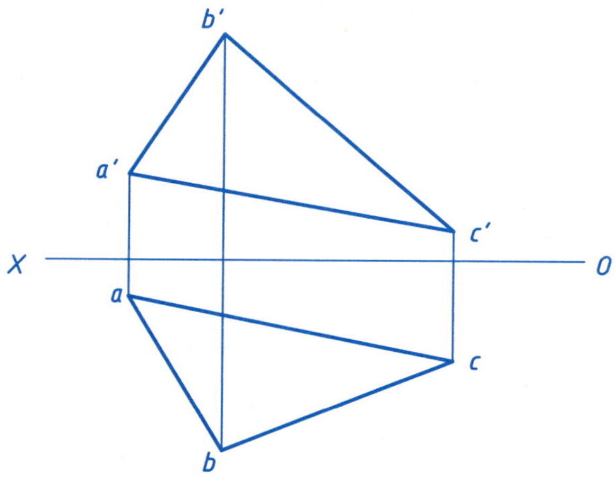

11. 已知平面△*ABC*对*V*面的倾角*β*=30°，其中*AC*为正平线，作出△*ABC*的水平投影。

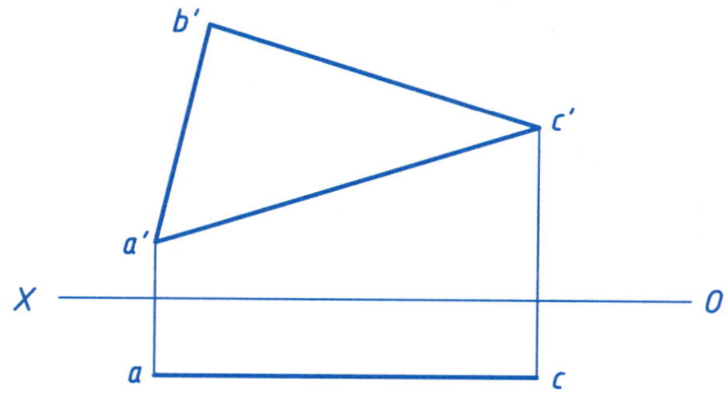

3.4 变换投影面法

班级:＿＿＿＿＿＿ 姓名:＿＿＿＿＿＿ 学号:＿＿＿＿＿＿

1. 求出点 A 和点 B 在 V_1 面、V_2 面、H_1 面、H_2 面上的投影。

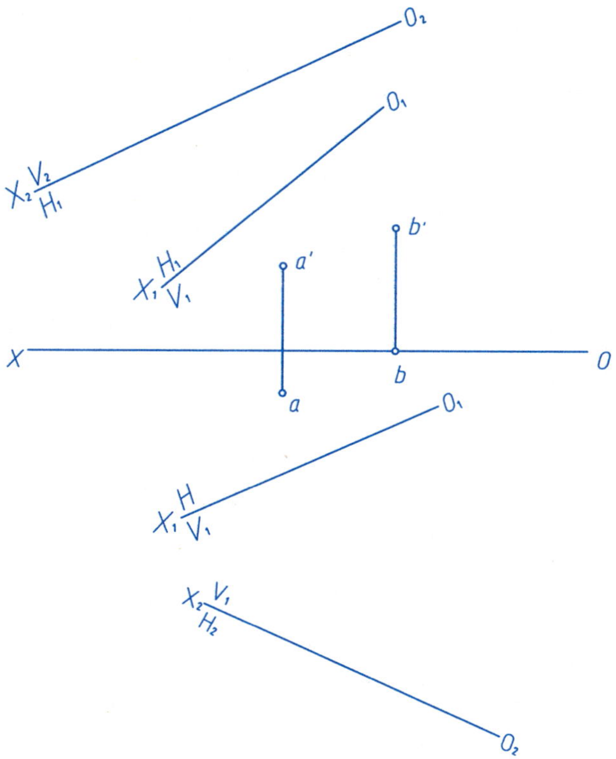

2. 求新投影轴 O_1X_1 和 O_2X_2。

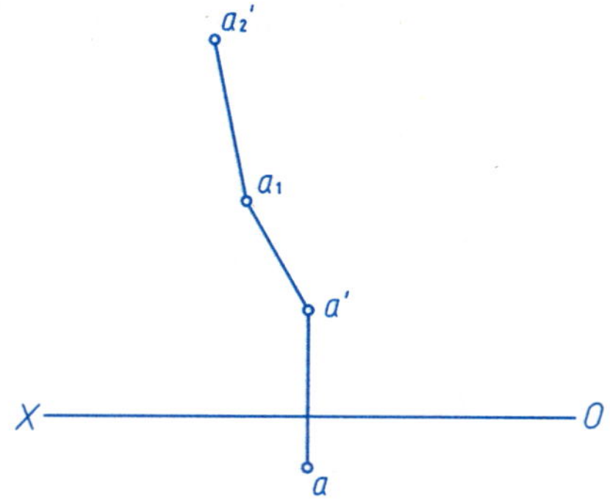

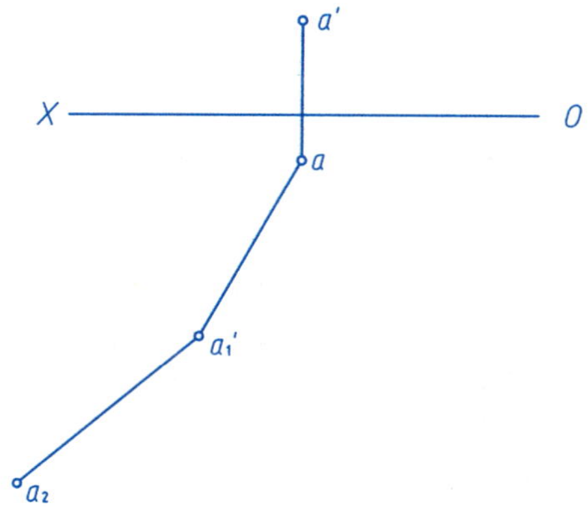

班级：________ 姓名：________ 学号：________

3.用换面法求直线 AB 的实长、对 H 面的倾角 α 和对 V 面的倾角 β。

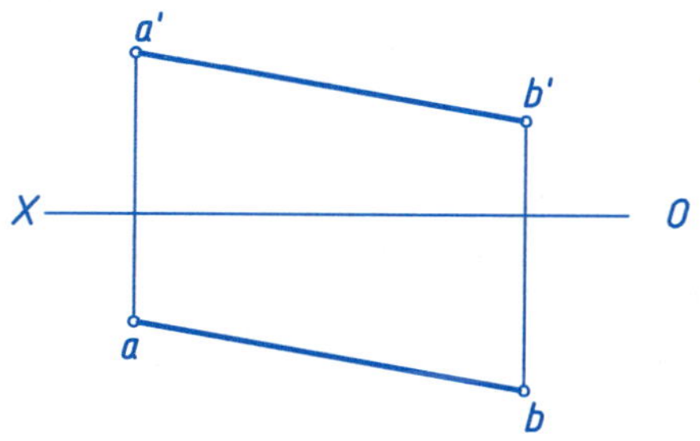

4.已知直线 AB 实长为 50mm，作出投影 $a'b'$。

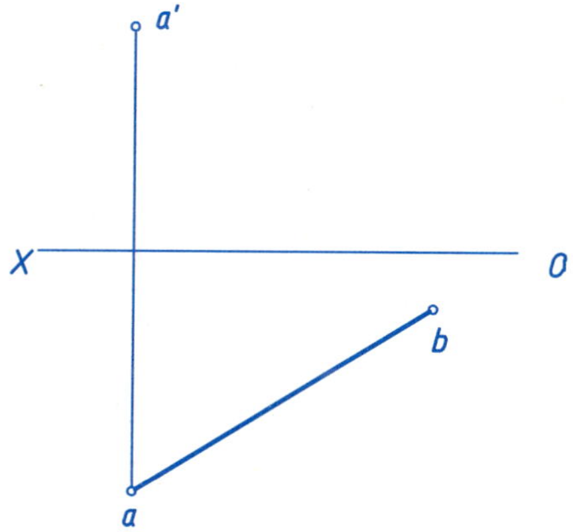

3.4 变换投影面法

班级：________ 姓名：________ 学号：________

5. 已知直线AB对V面的倾角$\beta=30°$，求其水平投影ab。

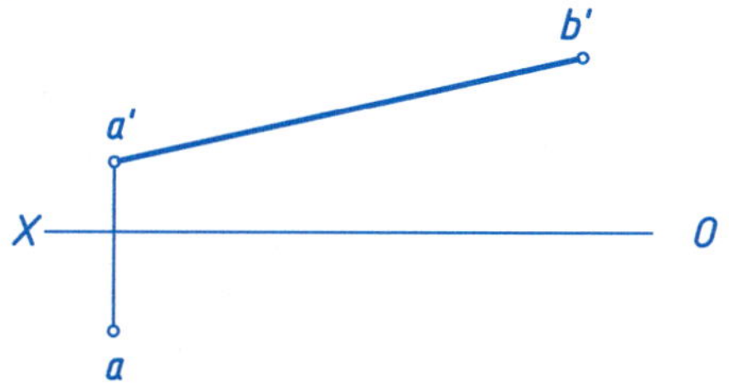

6. 求点A至直线BC的距离（投影和实长）。

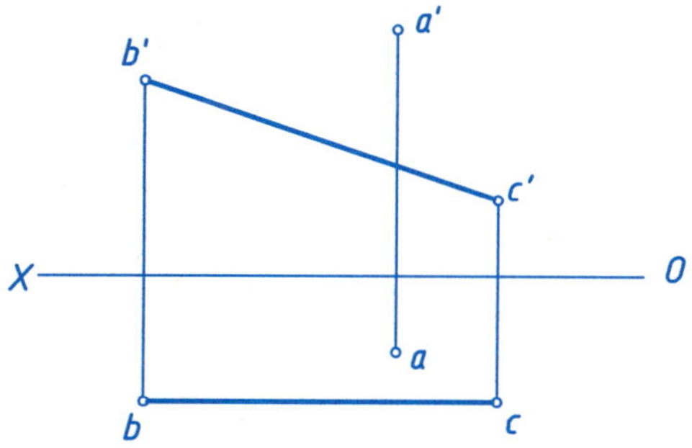

班级：________ 姓名：________ 学号：________

7. 求平行两直线 *AB* 和 *CD* 间的距离。	8. 求四边形 *ABCD* 对 *V* 面投影面的倾角 *β*。
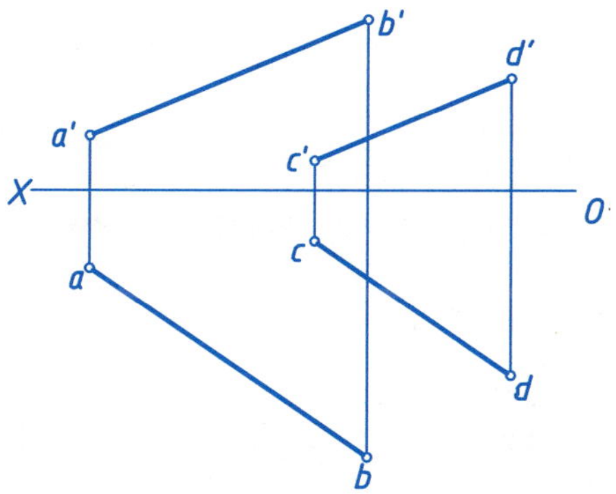	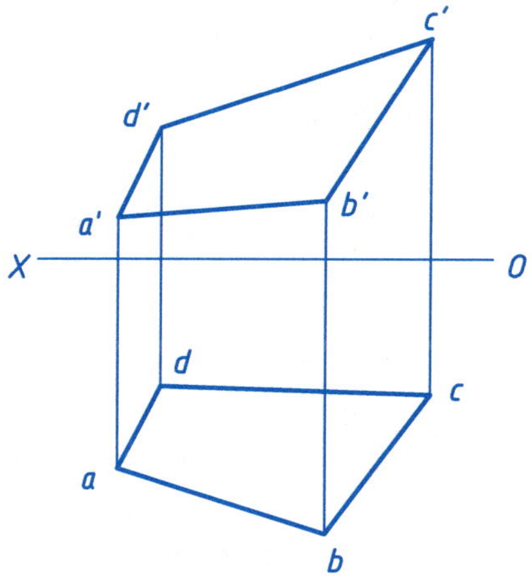

9. 求三角形 *ABC* 的实形。

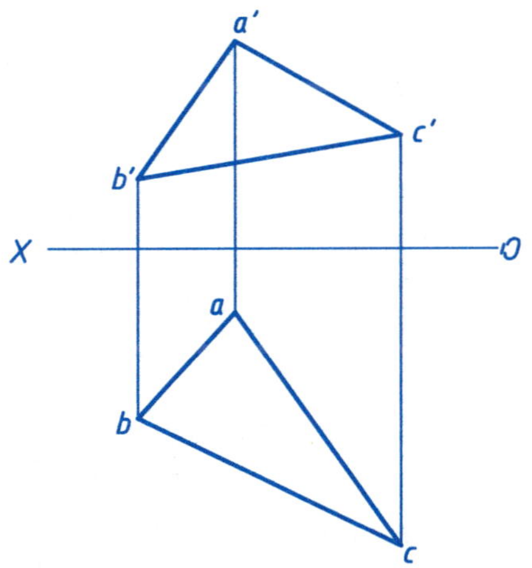

10. 求点 *D* 至平面 *ABC* 的距离（投影和实长）。

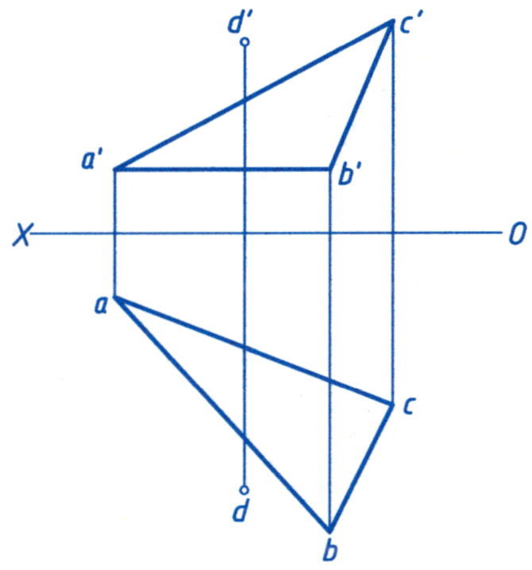

3.4 变换投影面法

班级：__________ 姓名：__________ 学号：__________

11. 在直线CD上求点E，使点E至直线AB的距离为L。

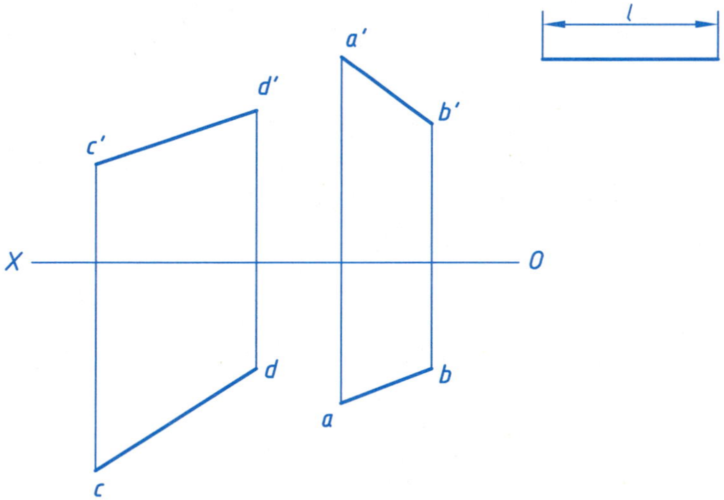

12. 求平面ABC与ABD的夹角θ。

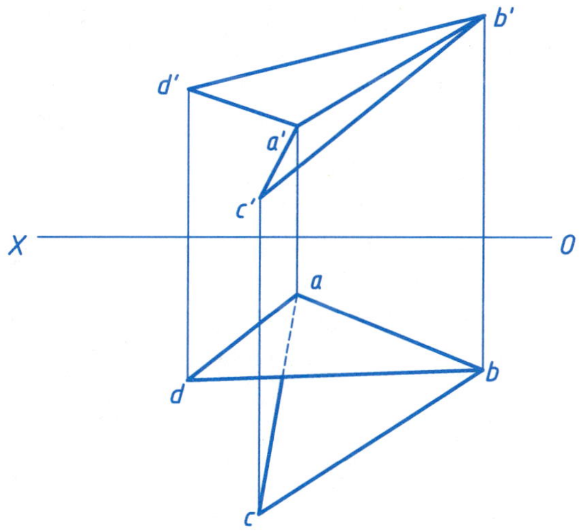

第 4 章　曲线和曲面

4.1　曲线的投影

班级：＿＿＿＿　姓名：＿＿＿＿　学号：＿＿＿＿

1. 作出△*ABC* 的内切圆的投影。

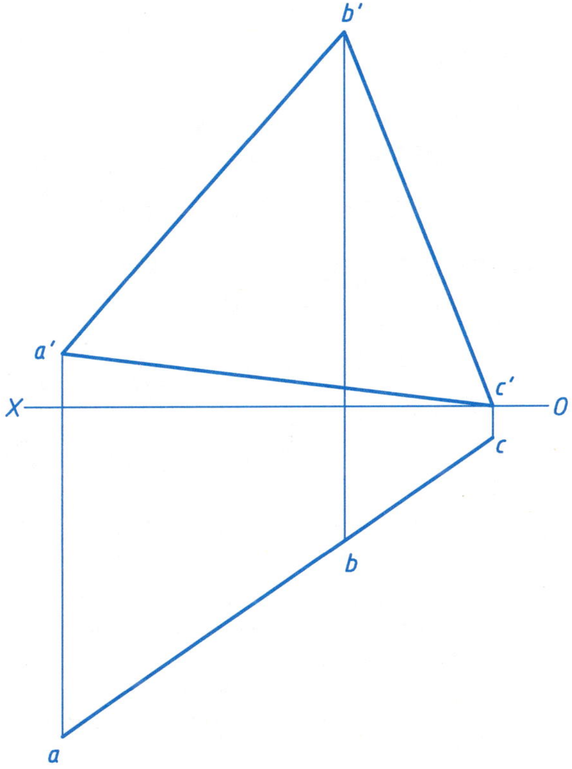

2. 在*ABC* 平面上，以*O* 为圆心，作一直径为38mm的圆。

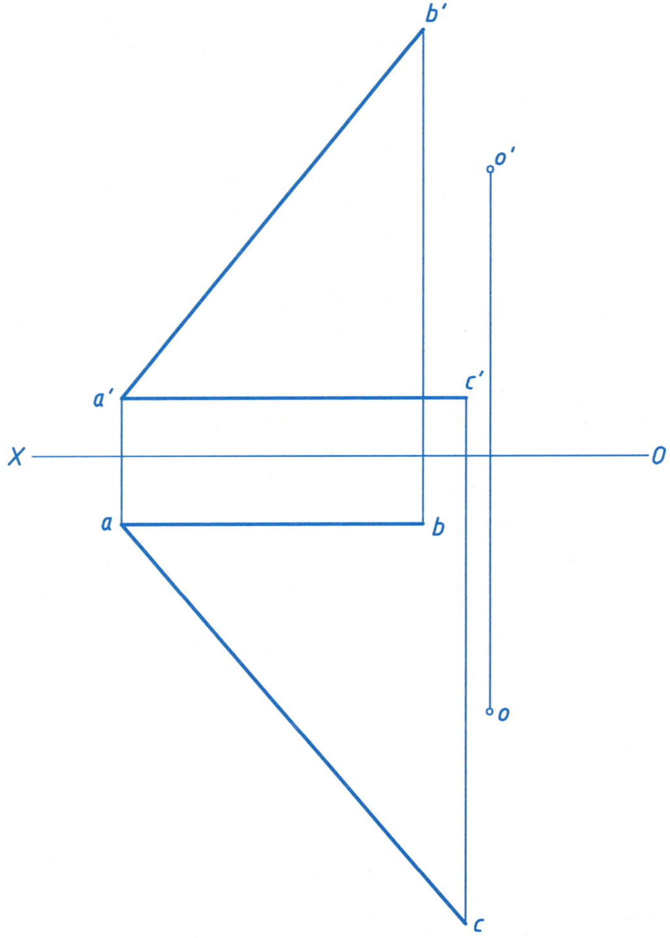

4.1 曲线的投影

班级：__________ 姓名：__________ 学号：__________

3. 在已知圆柱面上，作出一导程38mm的右旋圆柱螺旋线。

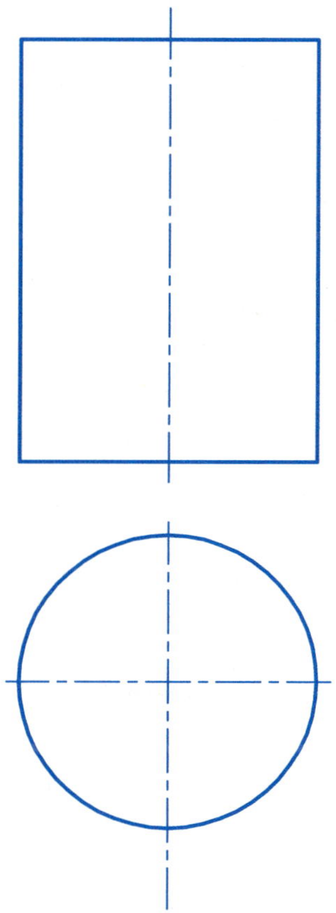

4. 已知平面曲线*K*和轴线*OO′*，作出回转面的投影。

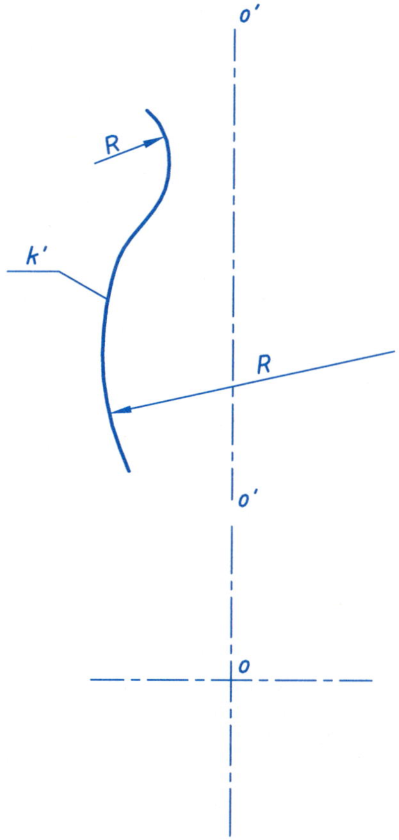

4.2　曲面的投影

班级:________　姓名:________　学号:________

1. 已知圆柱正螺旋面的外径为48mm,内径为20mm,导程为36mm,右旋,作出两个导程的该螺旋面的投影。

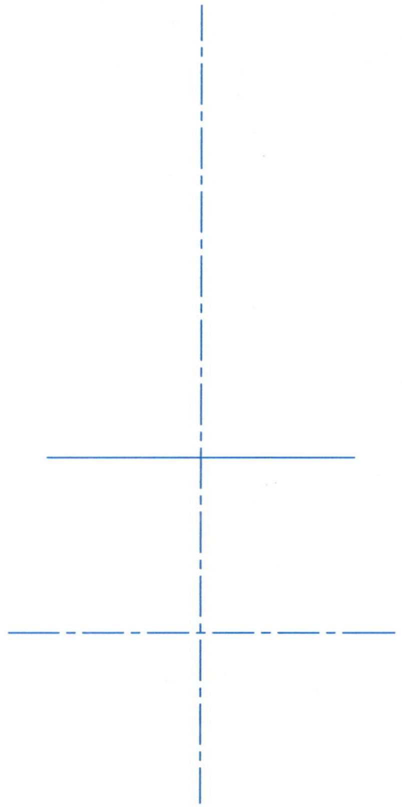

2. 已知圆柱斜螺旋面的外径为50mm,内径为20mm,导程为60mm,右旋,母线与水平面呈30°角,作出该螺旋面的投影。

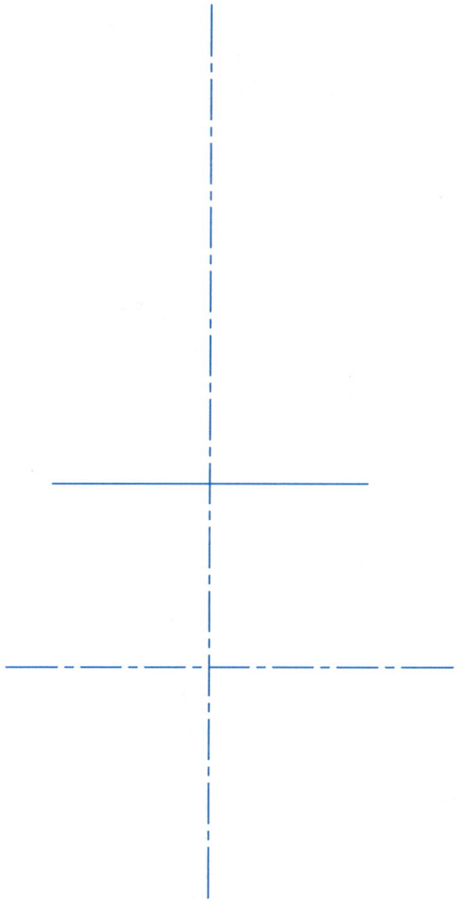

第 5 章　平面立体

5.1　平面立体的投影及其表面取点、线

班级:__________　姓名:__________　学号:__________

1. 补全立体所缺投影及其表面上点、线的另外两个投影。

(1)

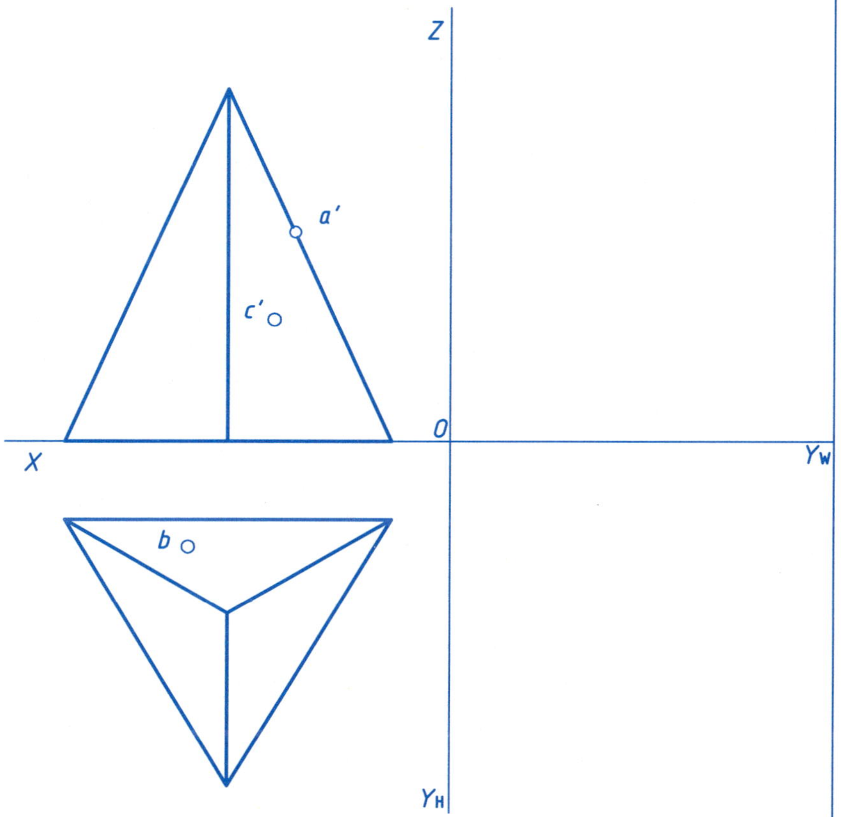

(2)

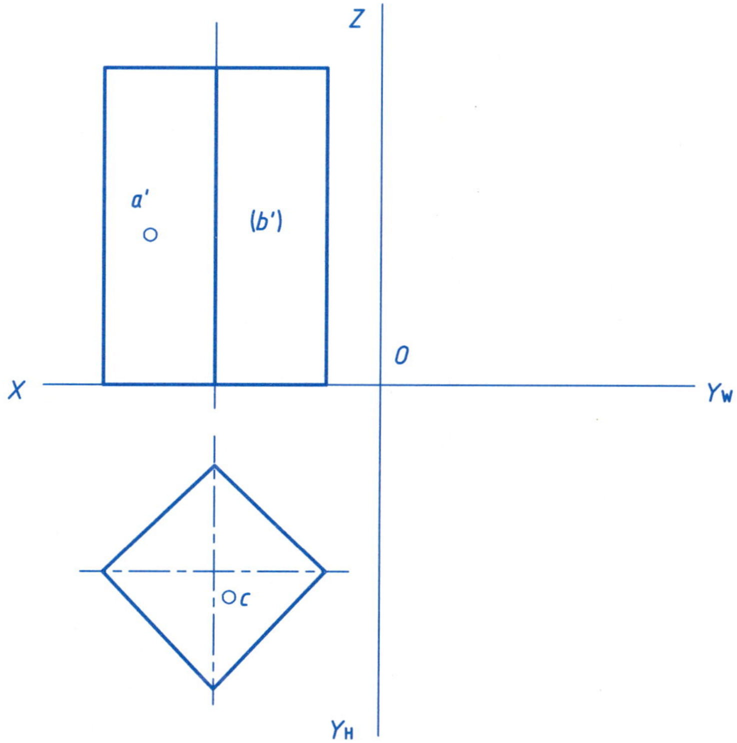

(3)

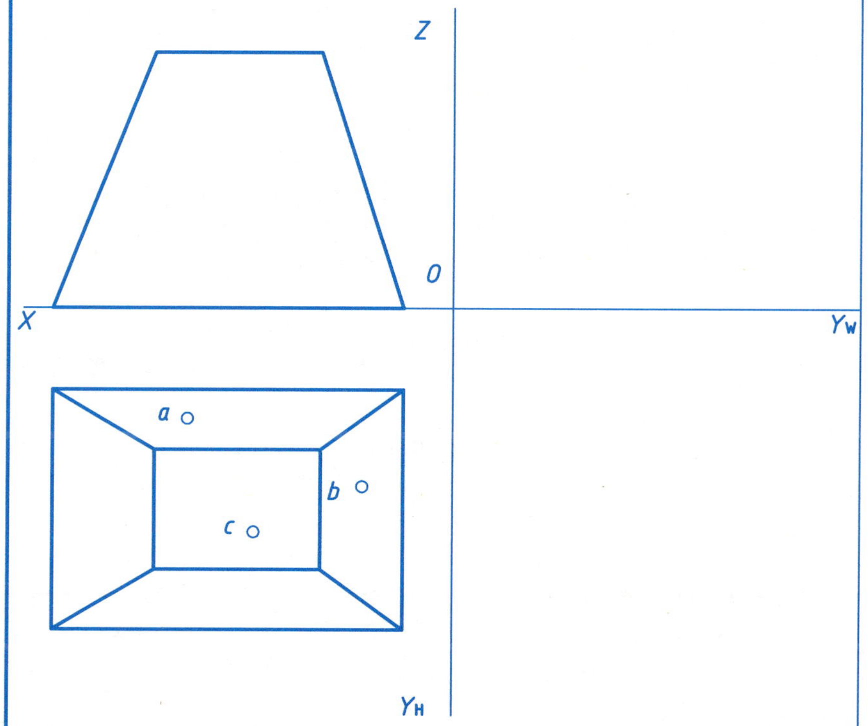

(4)

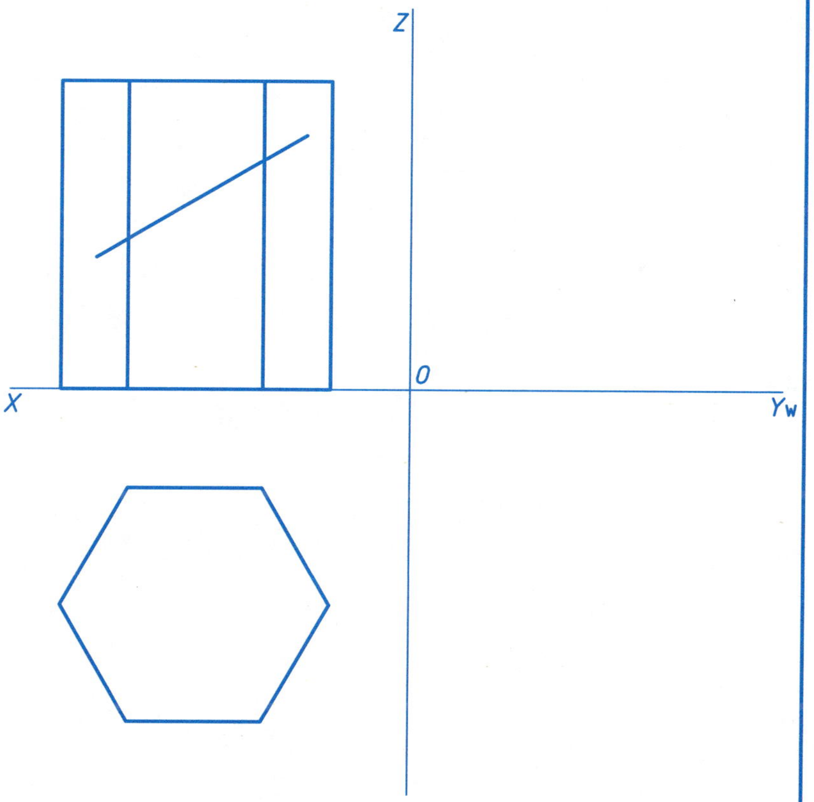

(5)

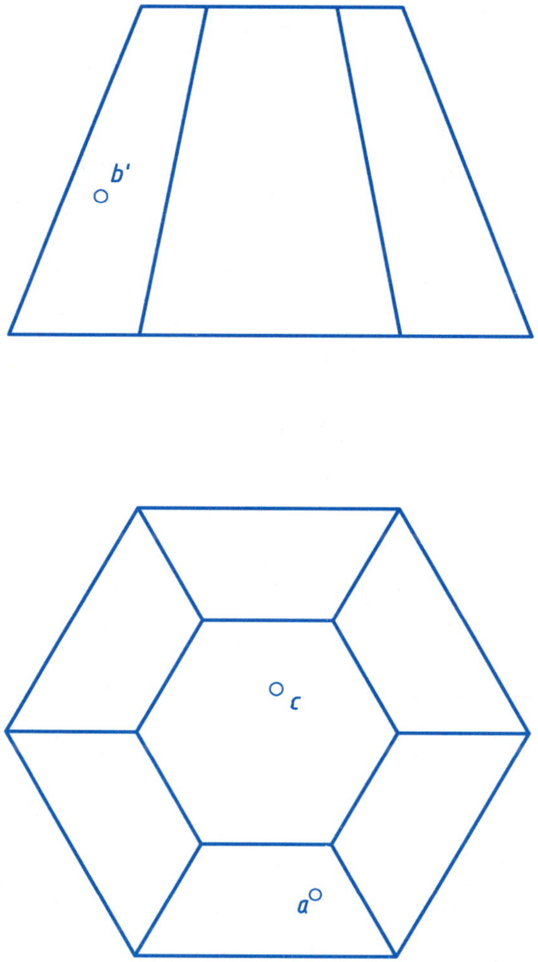

5.2 平面立体的截割

班级:______ 姓名:______ 学号:______

1.完成正三棱锥被截割后的三面投影。	2.完成正六棱柱被截割后的三面投影。
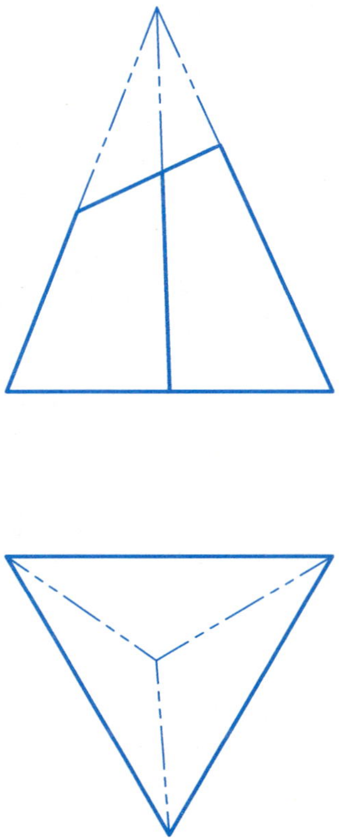	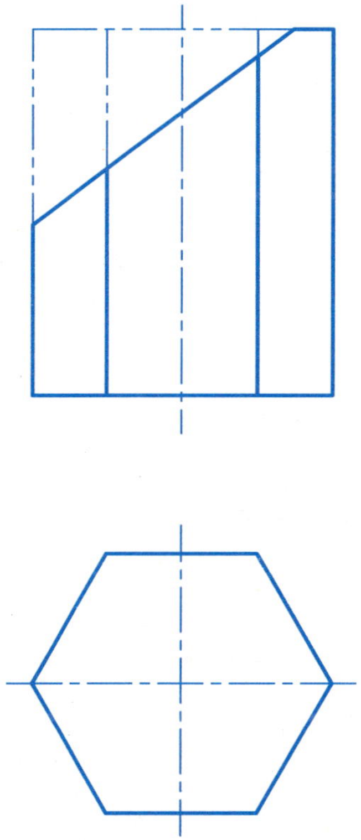

班级：________ 姓名：________ 学号：________

3.完成正四棱锥被截割后的三面投影。

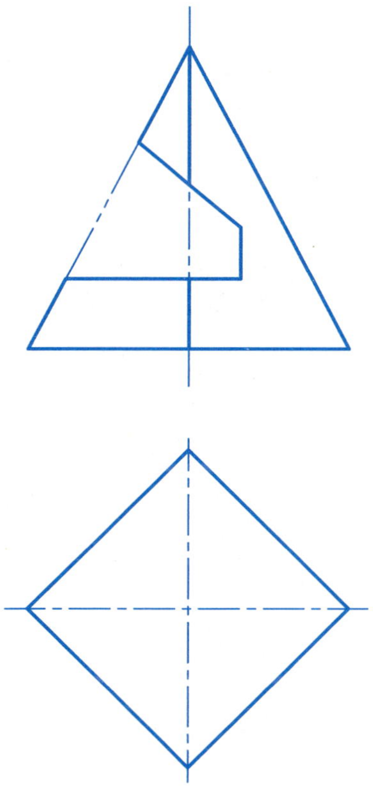

4.完成正五棱柱被截割后的三面投影。

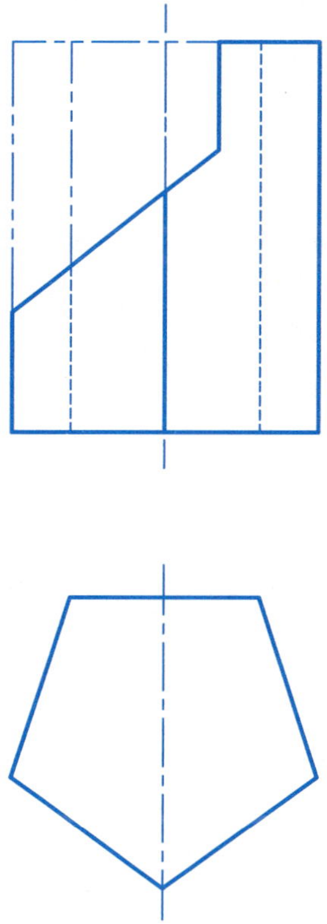

　　班级:______　　姓名:______　　学号:______

5. 完成正四棱台被截割后的三面投影。

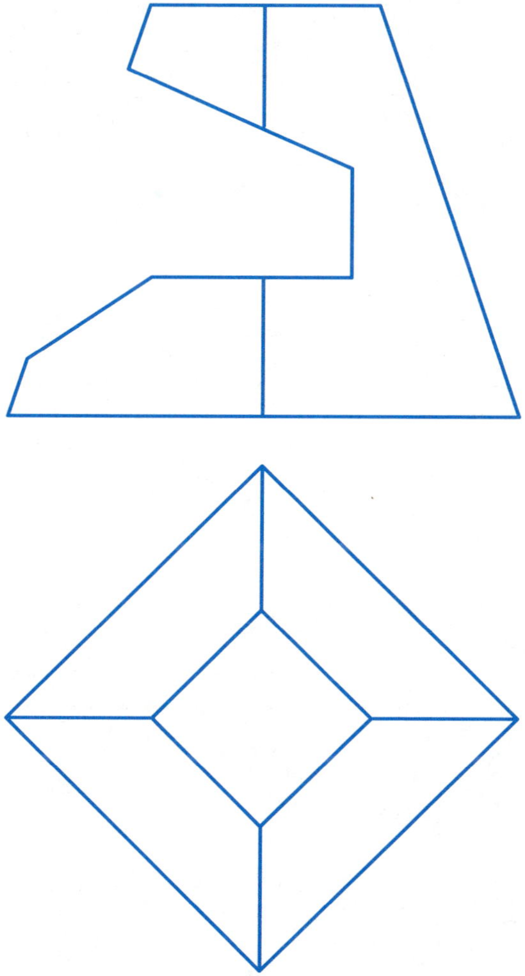

6.完成正三棱柱被截割后的三面投影。

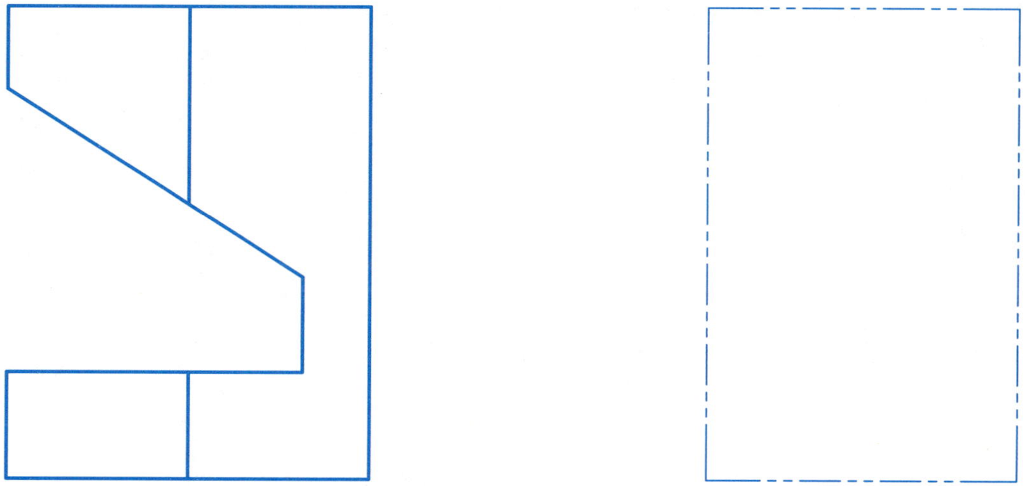

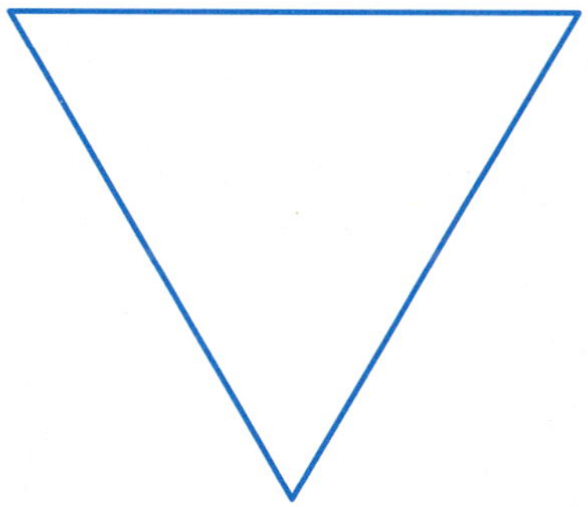

第 6 章　曲面立体

6.1　曲面立体的投影及其表面取点、线

班级:________　姓名:________　学号:________

1. 补全曲面立体所缺投影及其表面上点、线的另外两个投影。

(1)

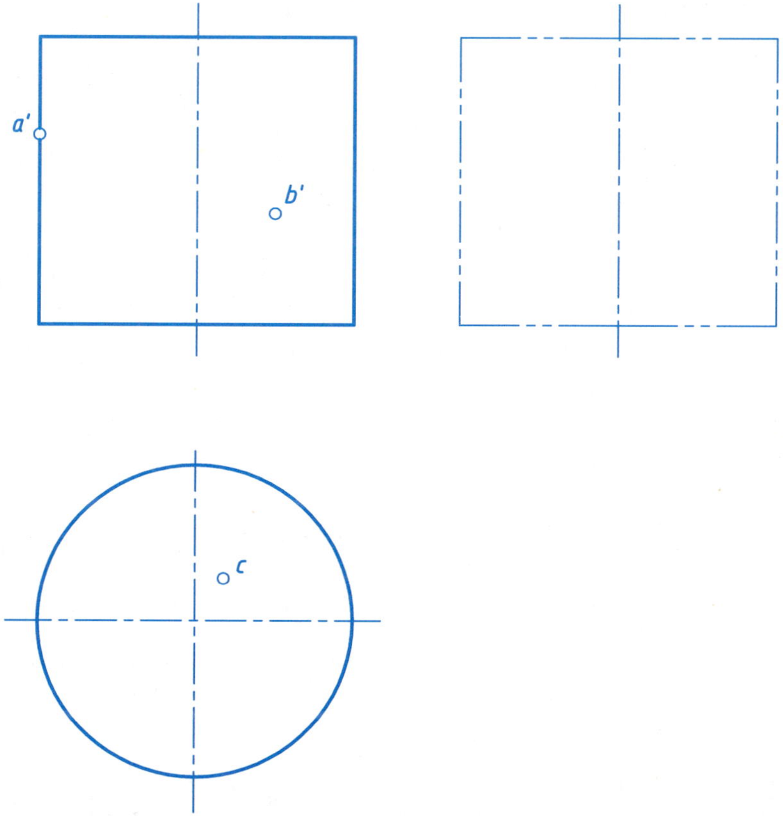

(2)

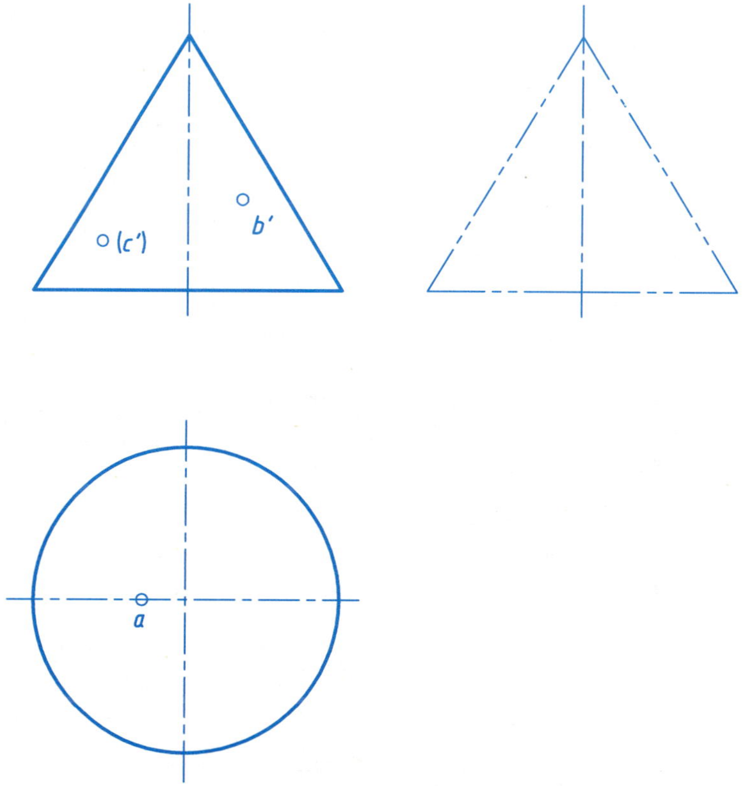

6.1 曲面立体的投影及其表面取点、线

班级:__________ 姓名:__________ 学号:__________

(3)

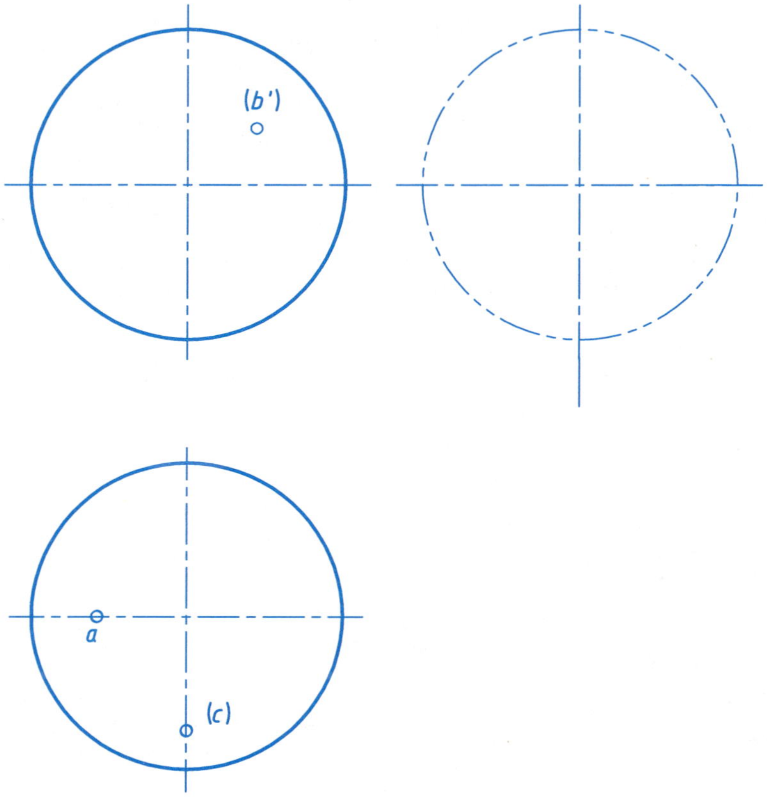

(4)

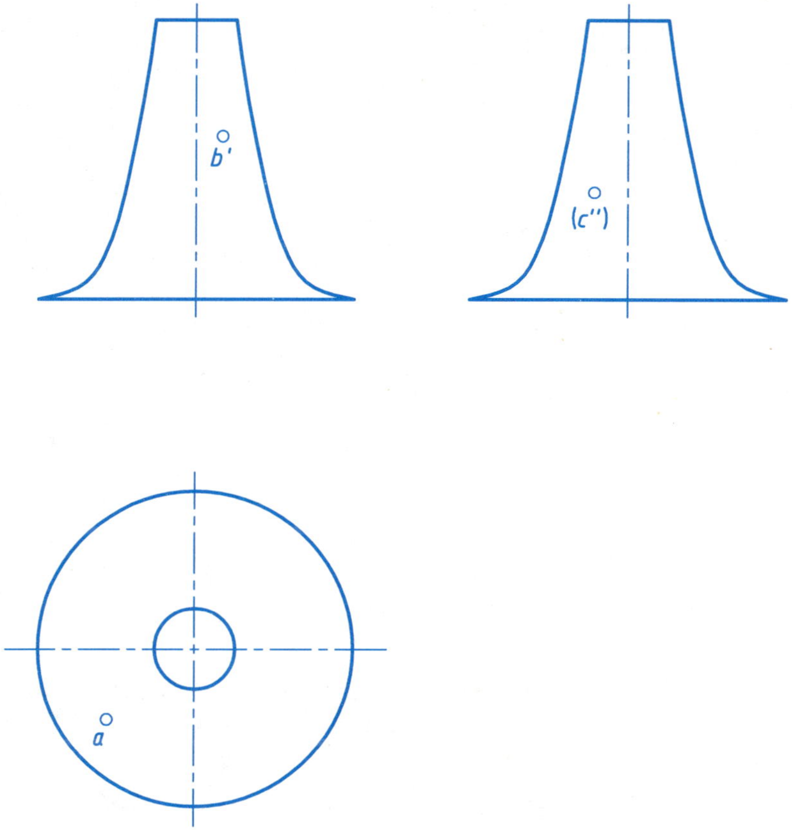

6.1 曲面立体的投影及其表面取点、线

班级:________ 姓名:________ 学号:________

(5)

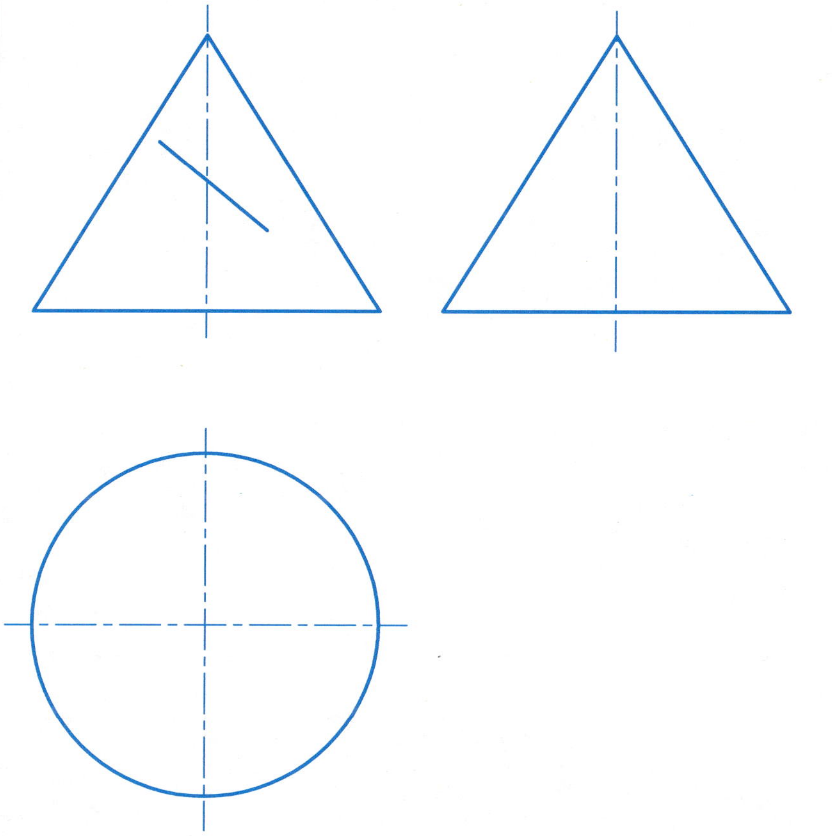

(6)

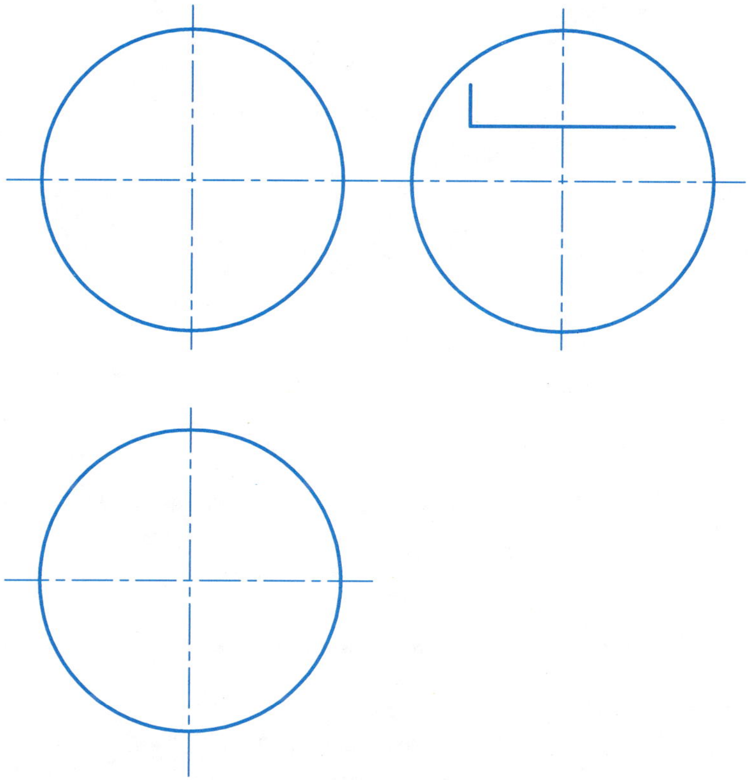

6.2 曲面立体的截割

班级:__________ 姓名:__________ 学号:__________

1. 完成圆柱被截割后的三面投影。

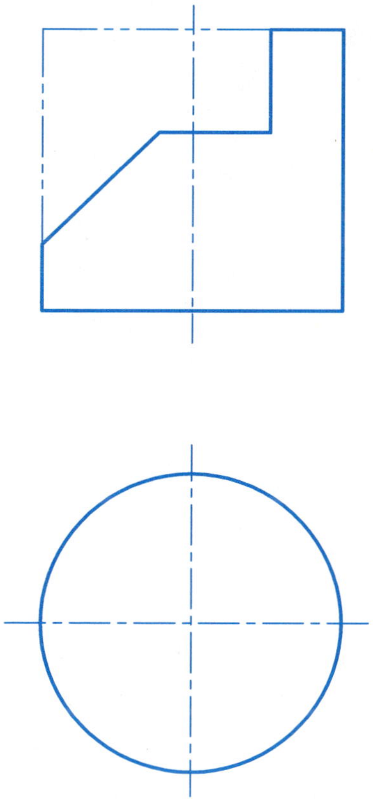

2. 完成圆柱被截割后的三面投影。

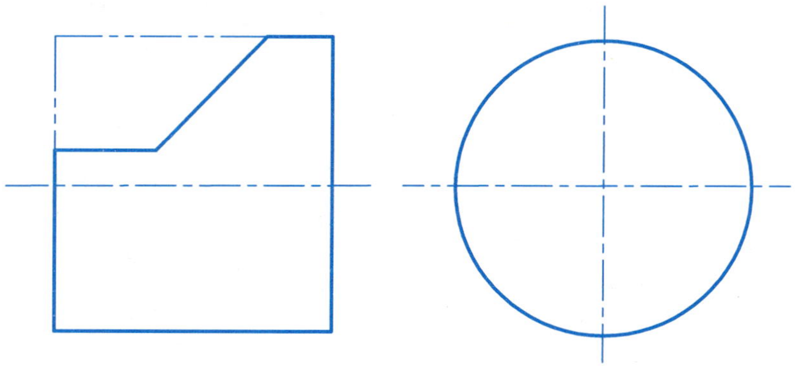

3. 完成圆锥被截割后的三面投影。

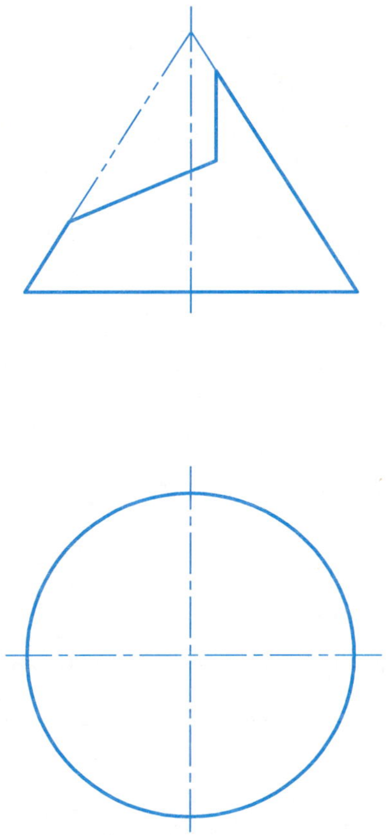

4. 完成圆锥被截割后的三面投影。

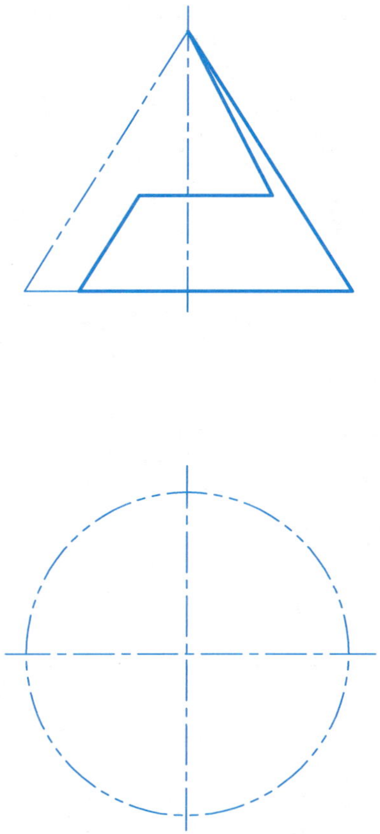

5. 完成圆球被截割后的三面投影。

6. 完成圆球被截割后的三面投影。

班级：＿＿＿＿＿　姓名：＿＿＿＿＿　学号：＿＿＿＿＿

7. 完成组合回转体被截割后的三面投影。

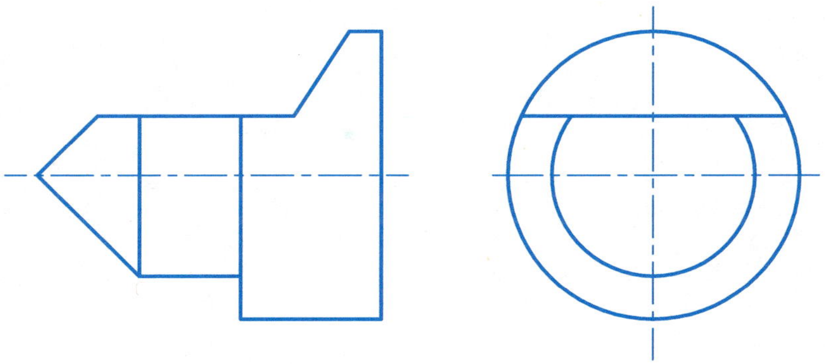

8. 补全组合回转体被截割后的正面投影。

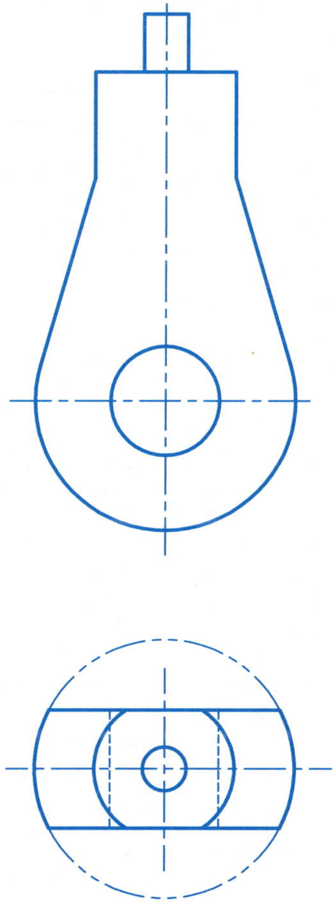

第 7 章　基本立体相贯

7.1　平面立体与平面立体相贯

班级：＿＿＿＿＿＿　姓名：＿＿＿＿＿＿　学号：＿＿＿＿＿＿

1. 求两层面的交线。	2. 求三棱锥与三棱柱的表面交线，并补出 W 面投影。
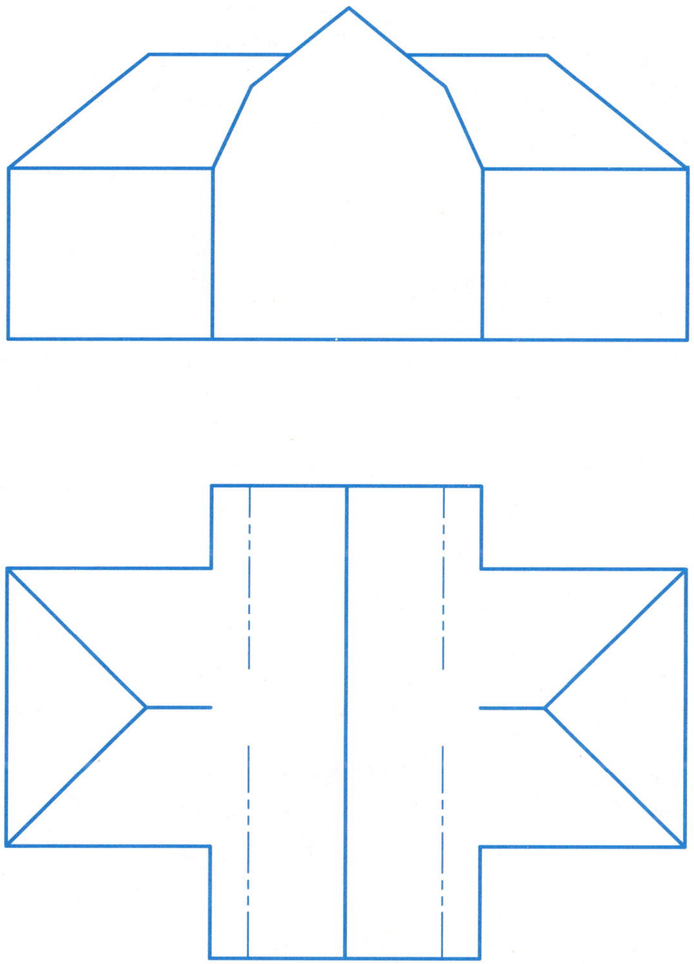	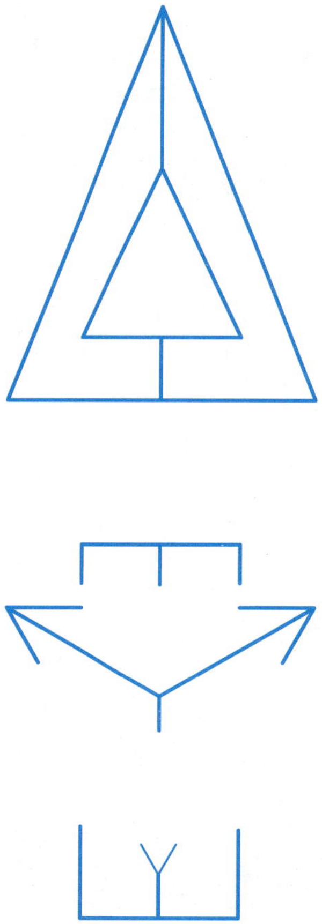

3. 求六棱锥与四棱柱的表面交线,并补出W面投影。

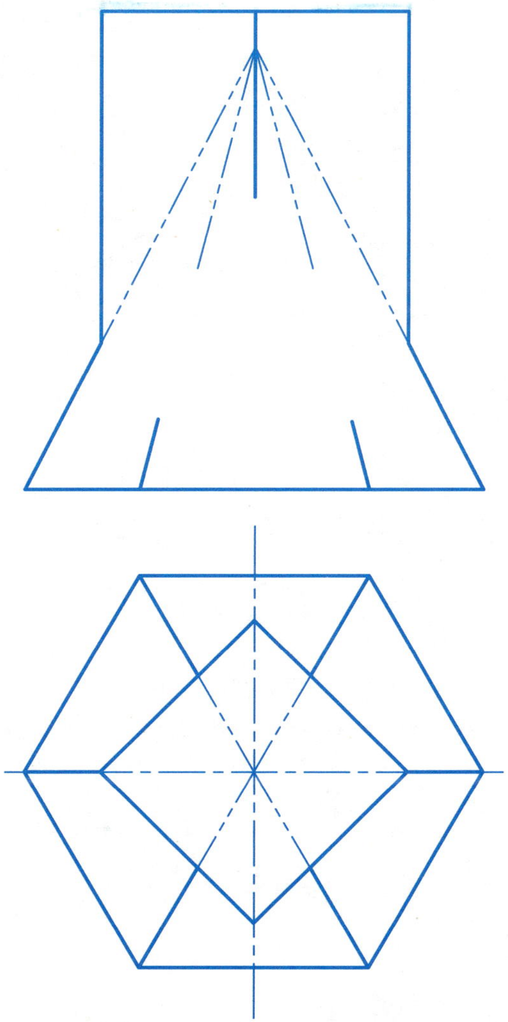

7.2 平面立体与曲面立体相贯

班级:________ 姓名:________ 学号:________

1. 作出三棱柱与半圆球相贯线的正面投影和侧面投影。

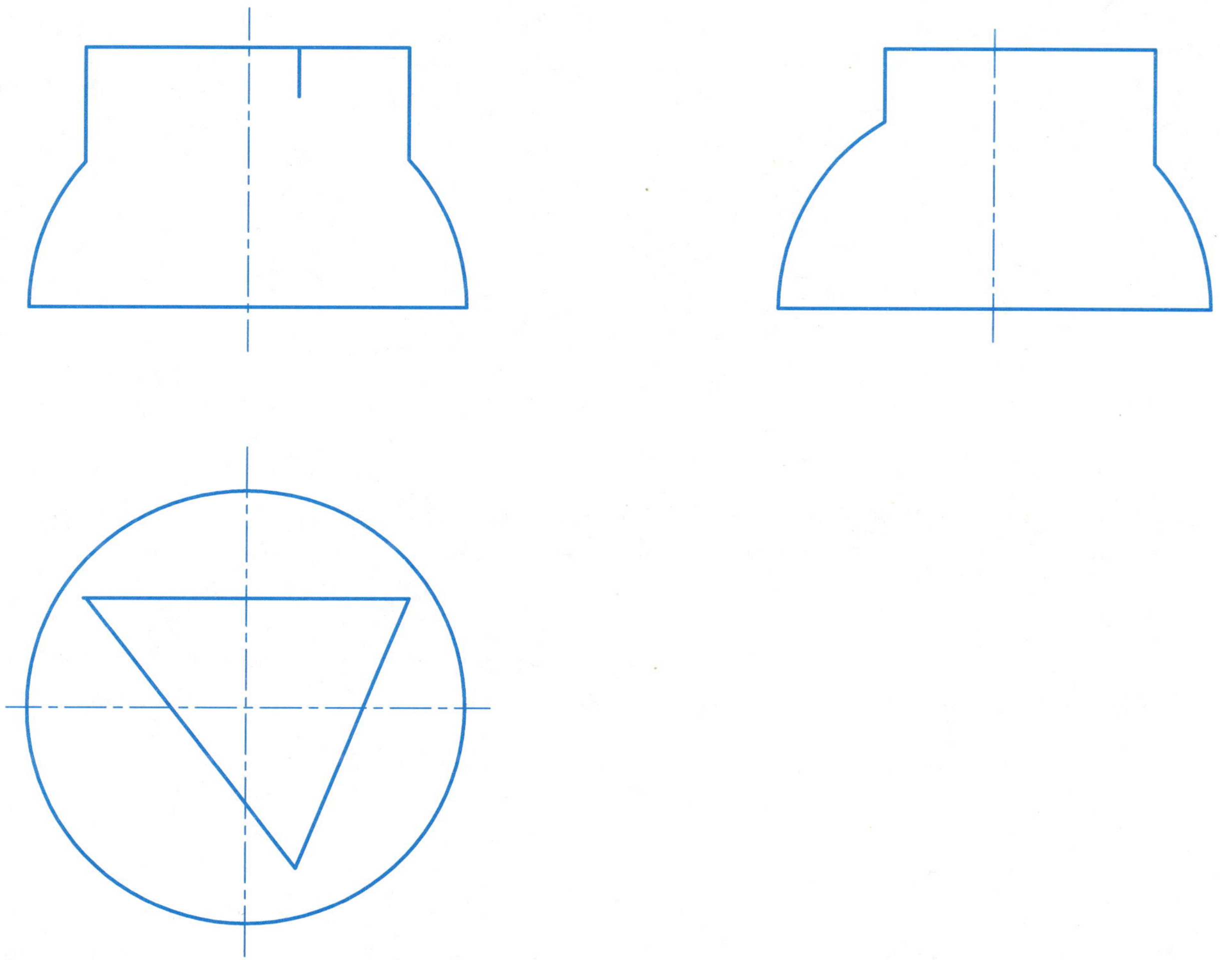

2.求圆拱屋面与斜屋面的交线。

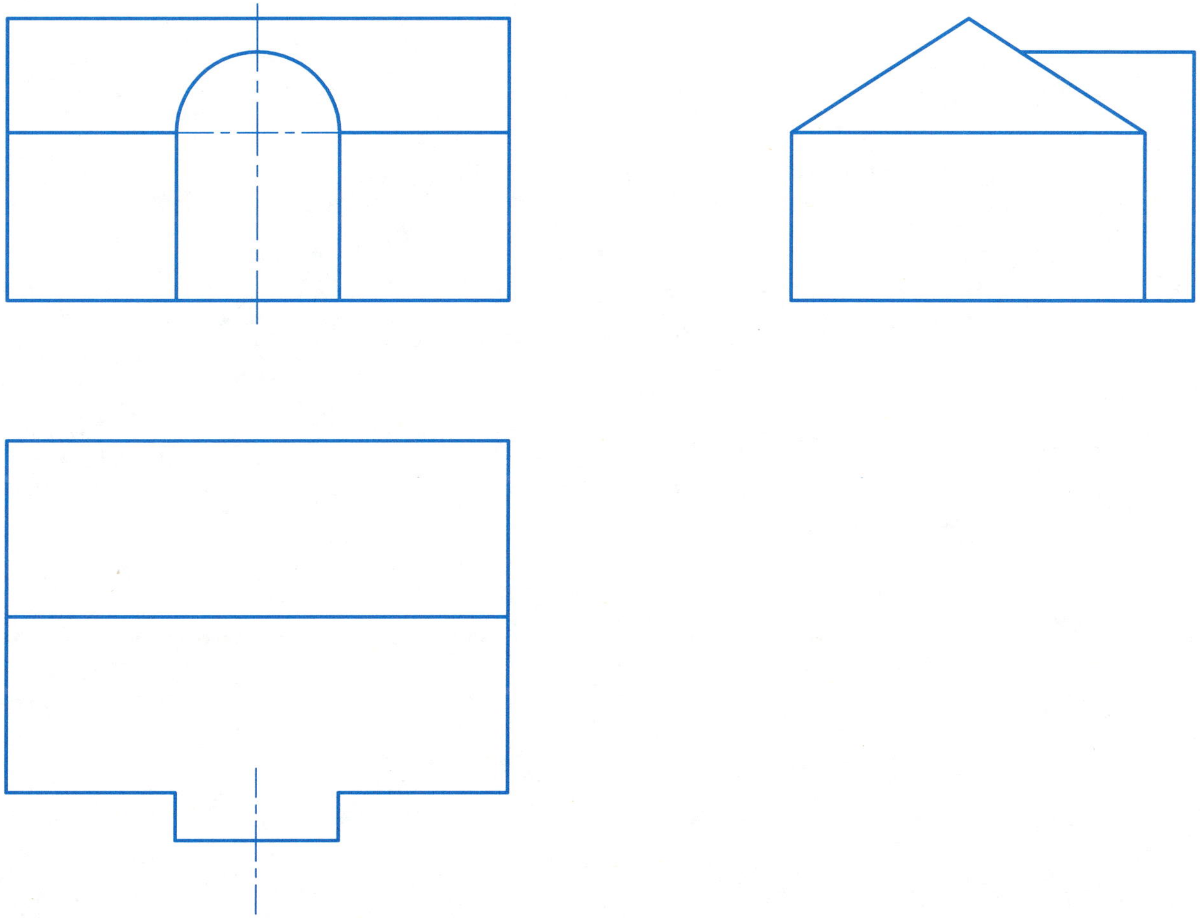

班级:____________ 姓名:____________ 学号:____________

3. 求球壳基础的表面交线。

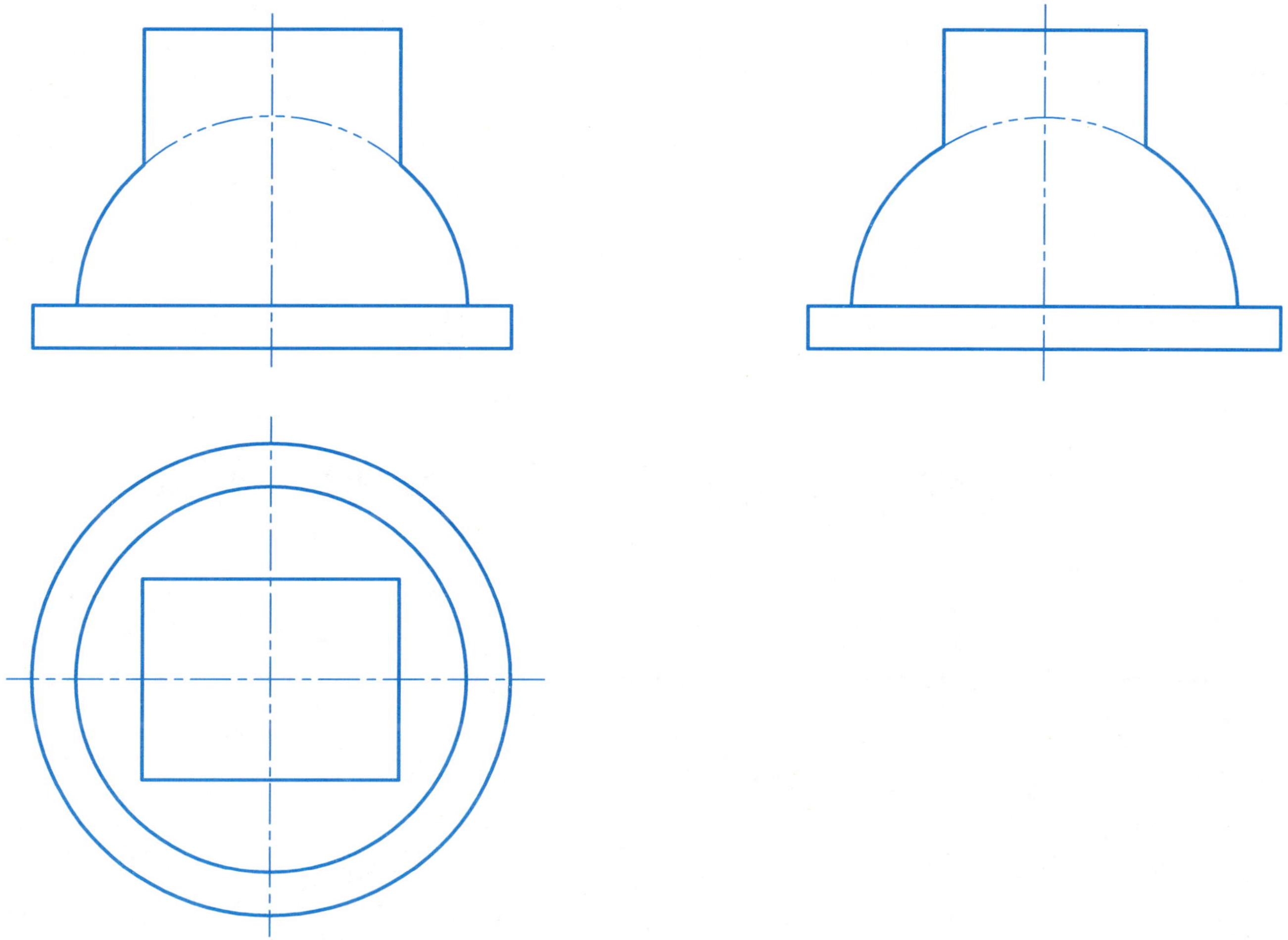

7.2 平面立体与曲面立体相贯

班级：__________ 姓名：__________ 学号：__________

4. 完成图示相交立体的正面投影。

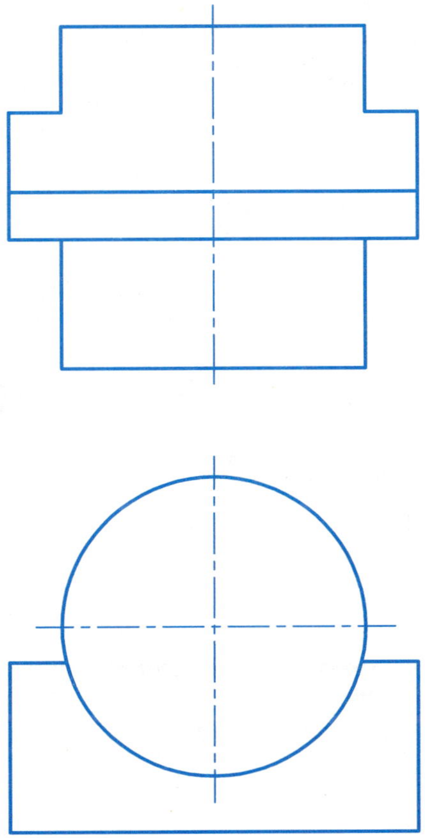

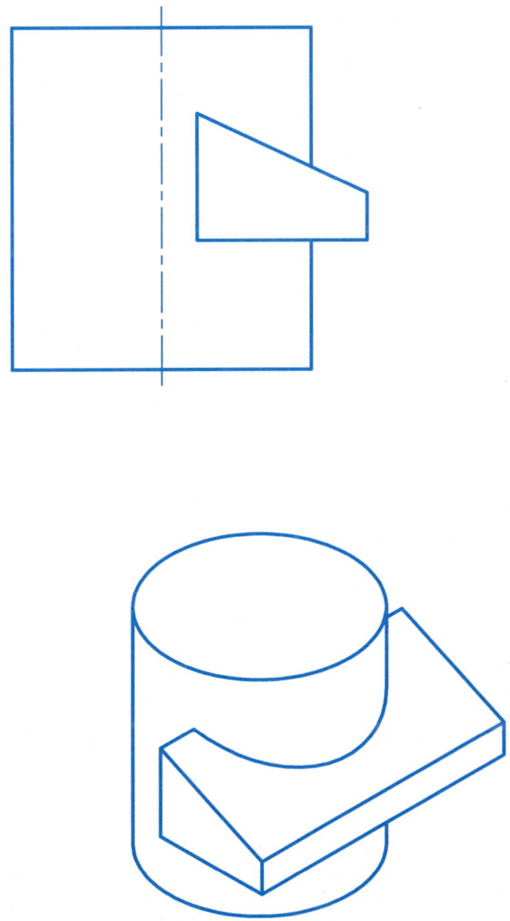

5. 完成图示相交立体的正面投影和侧面投影。

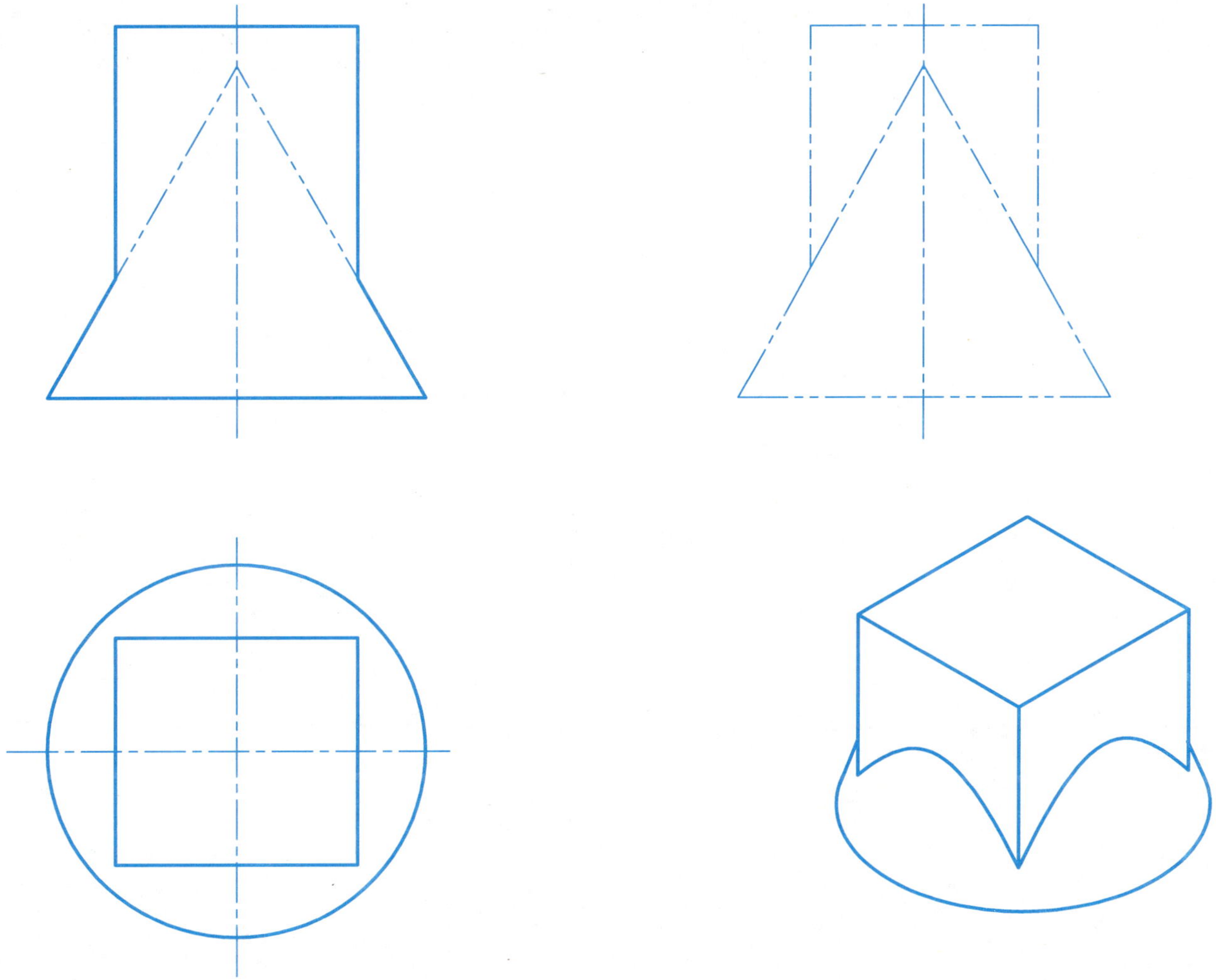

7.3 曲面立体与曲面立体相贯

班级:________ 姓名:________ 学号:________

1. 完成下列各立体内外表面的投影。

(1)

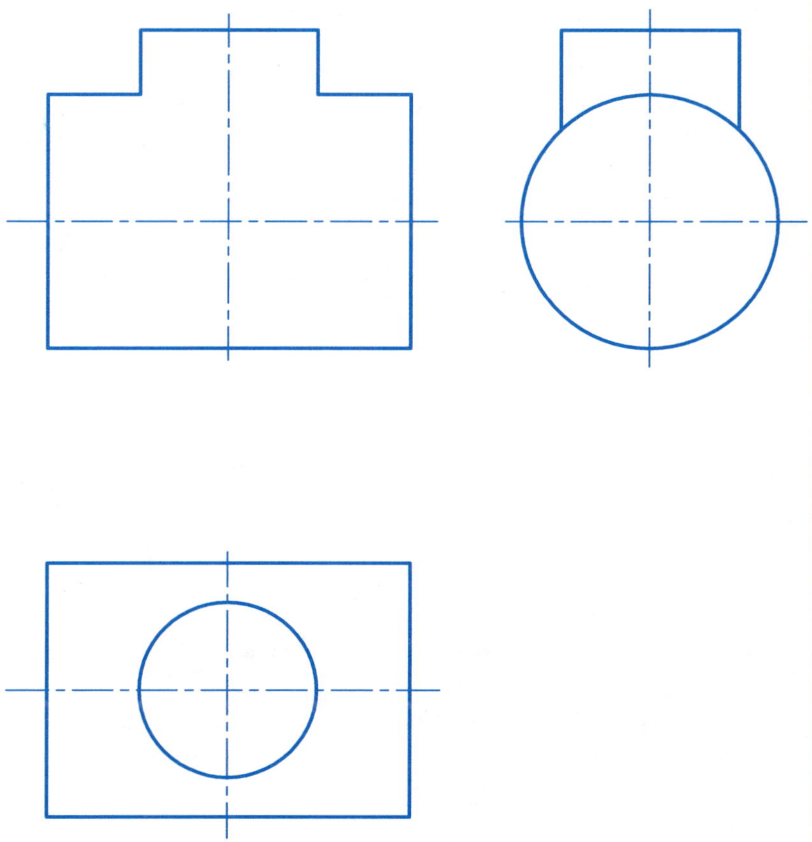

(2)

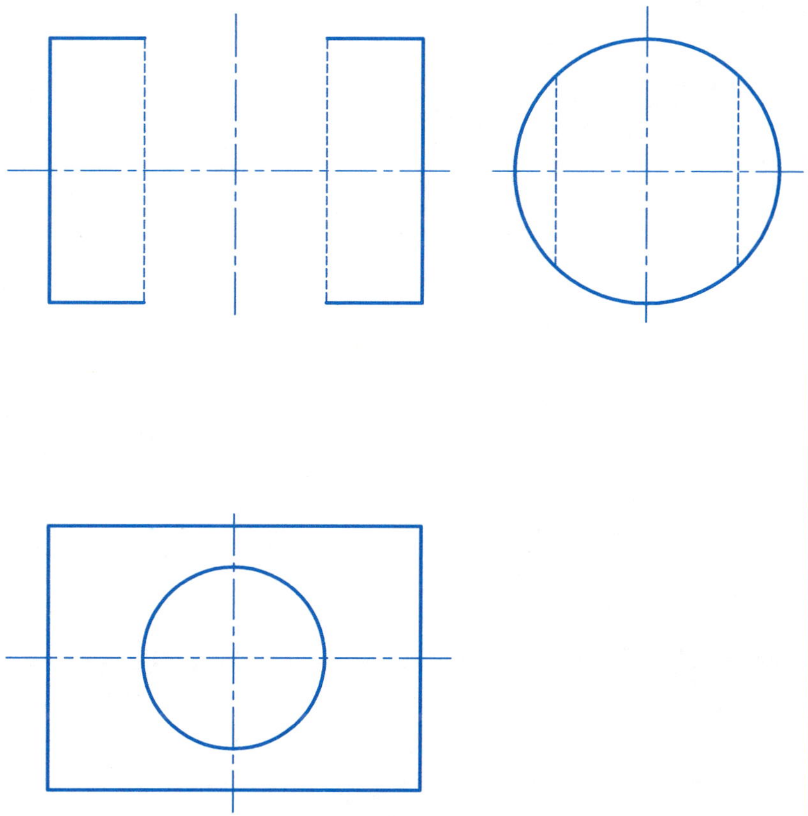

　　班级:________　姓名:________　学号:________

1. 完成下列各立体内外表面的投影。

(3)

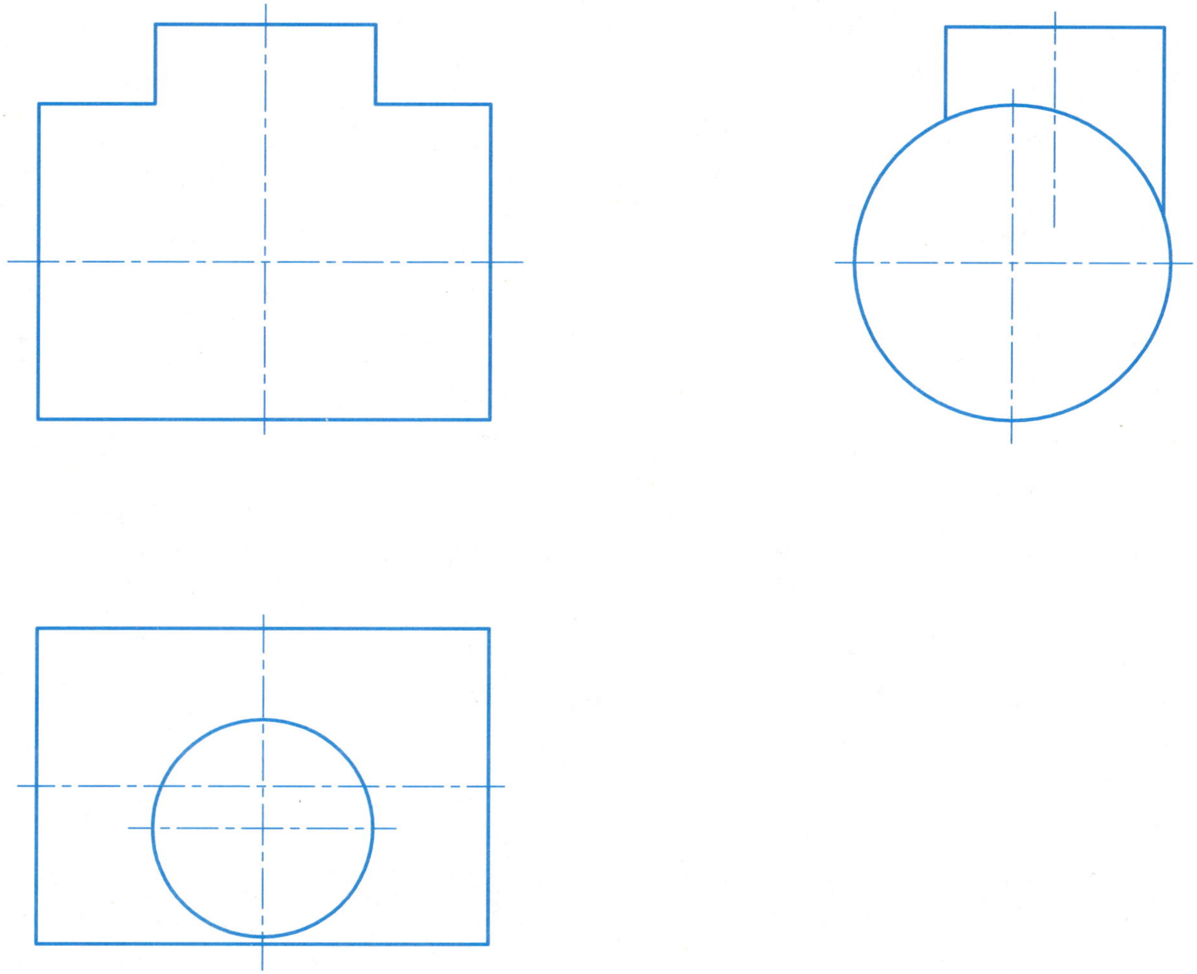

1.完成下列各立体内外表面的投影。

(4)

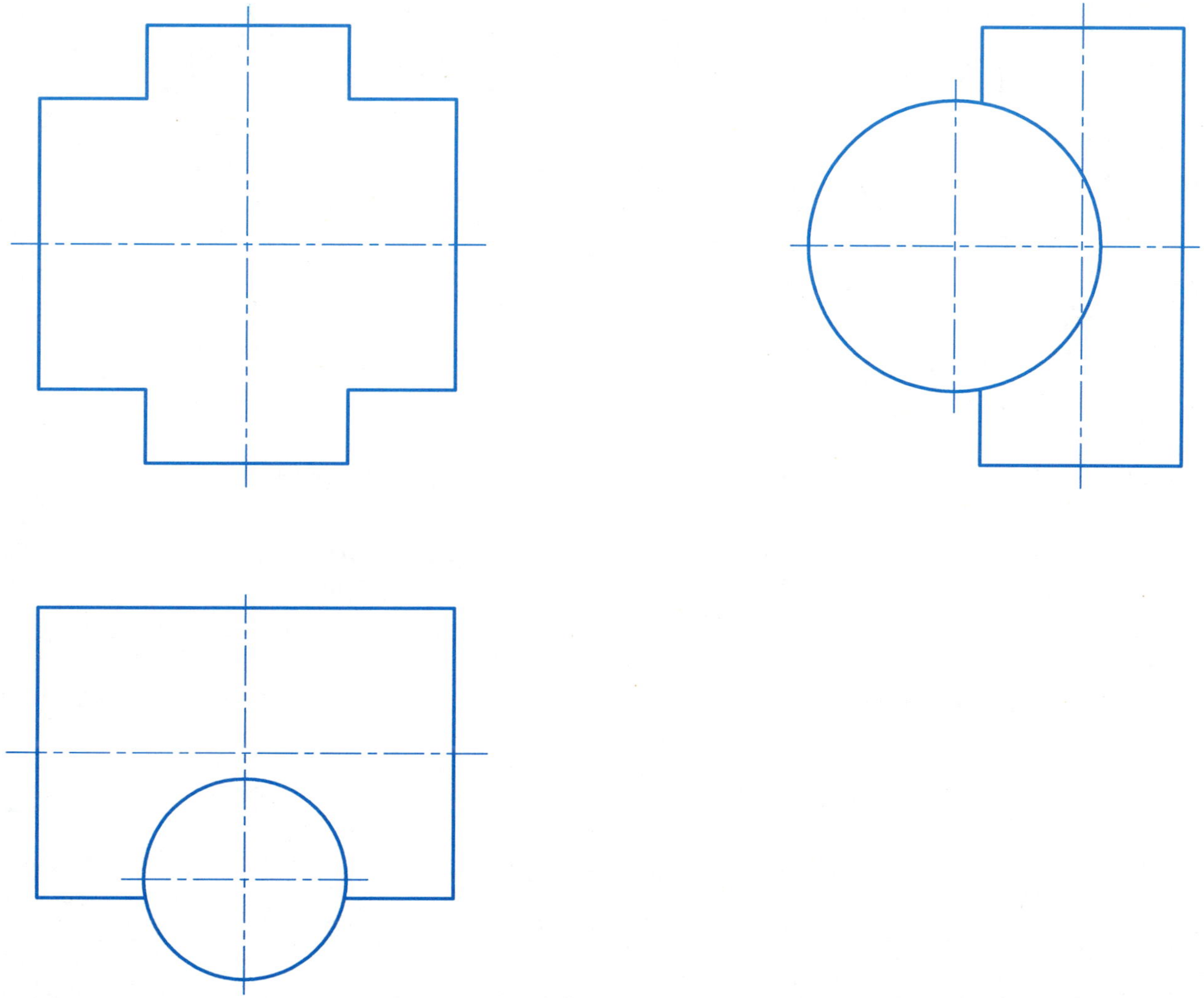

班级:__________ 姓名:__________ 学号:__________

2. 作出圆柱和圆台表面交线的投影。

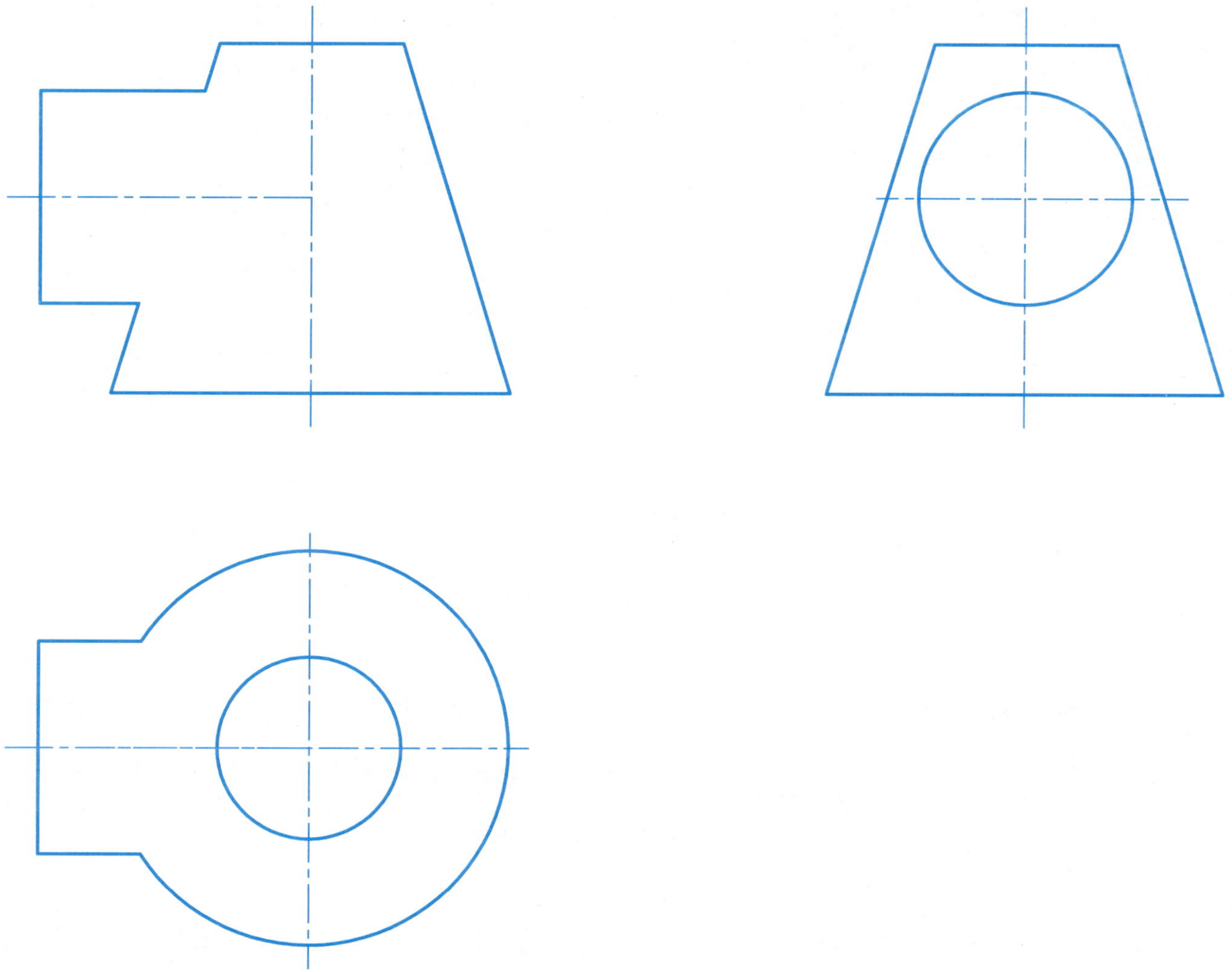

7.3　曲面立体与曲面立体相贯

班级：＿＿＿＿＿＿　姓名：＿＿＿＿＿＿　学号：＿＿＿＿＿＿

3. 作出圆柱和圆锥表面交线的投影。

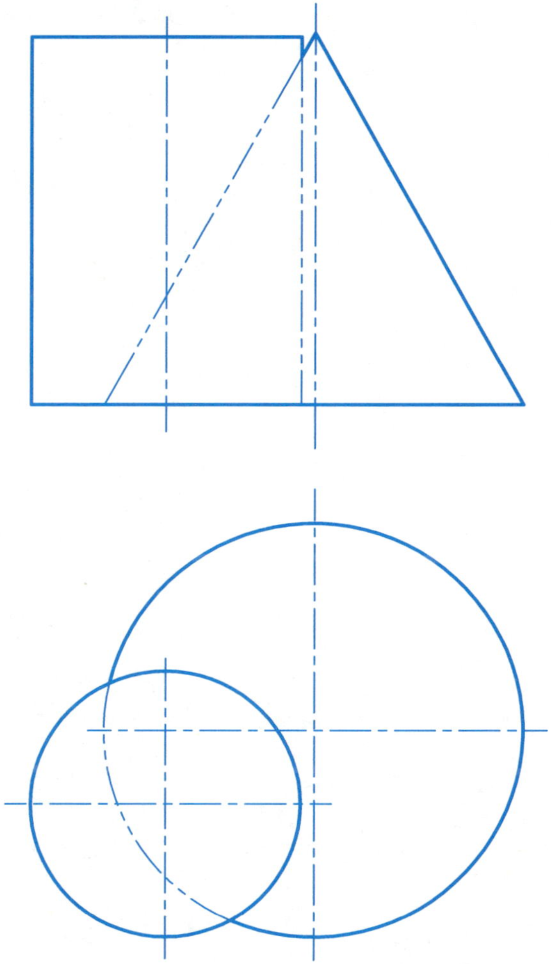

4. 作出圆柱和半圆球表面交线的投影。

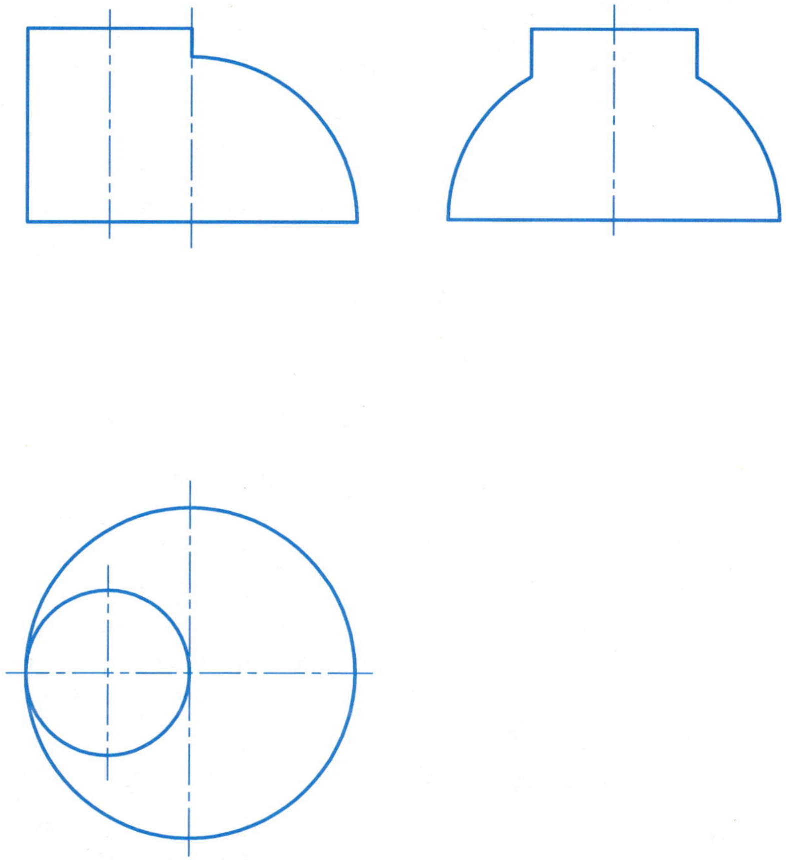

班级：________ 姓名：________ 学号：________

5. 作出两圆锥表面交线的投影。	6. 作出圆锥和半圆球表面交线的投影。
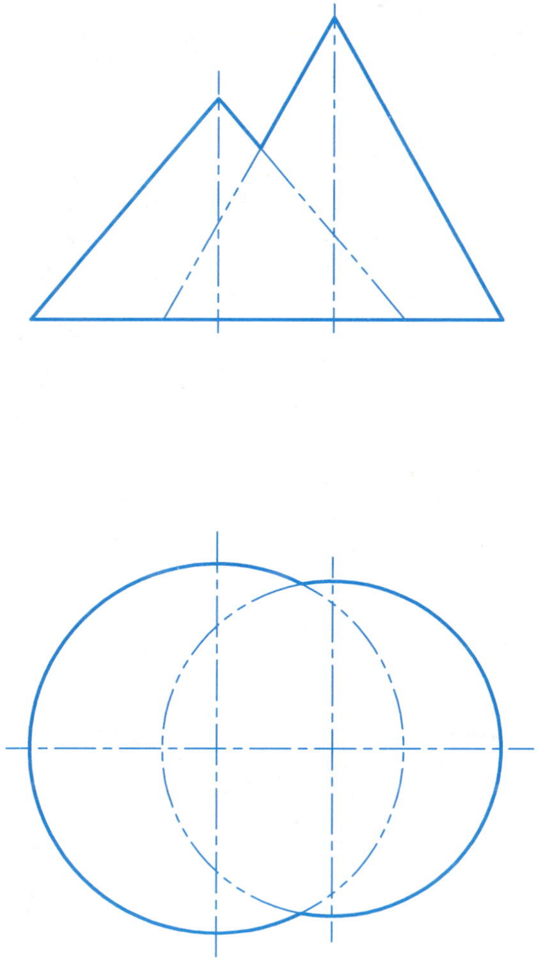	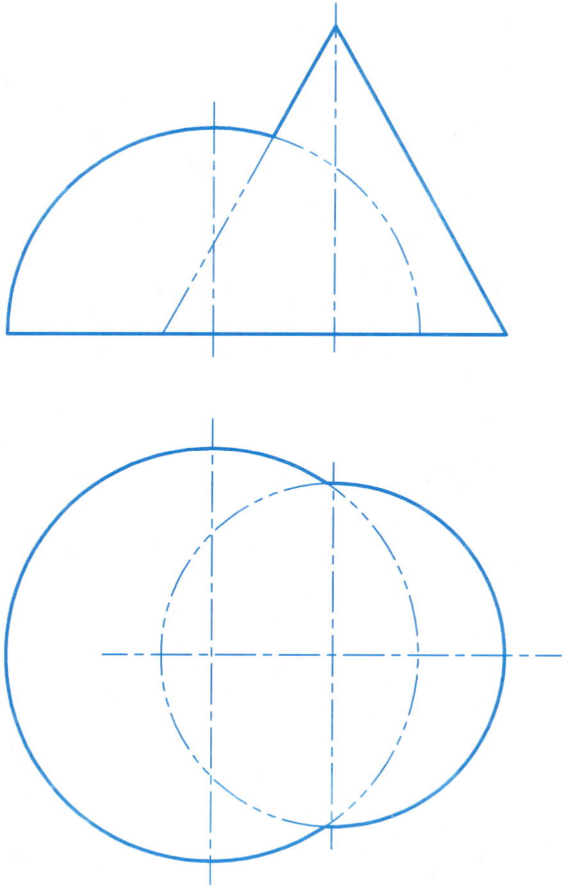

7.3 曲面立体与曲面立体相贯

班级:______ 姓名:______ 学号:______

7.完成下列各相贯立体的投影。

(1)

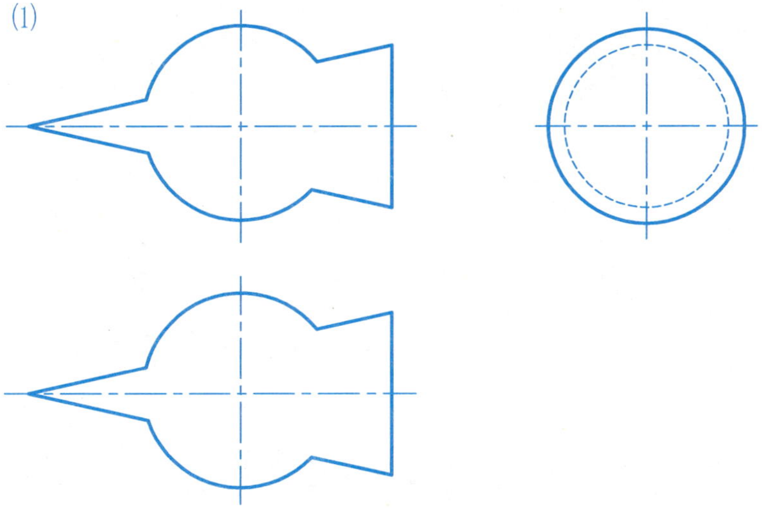

(2)

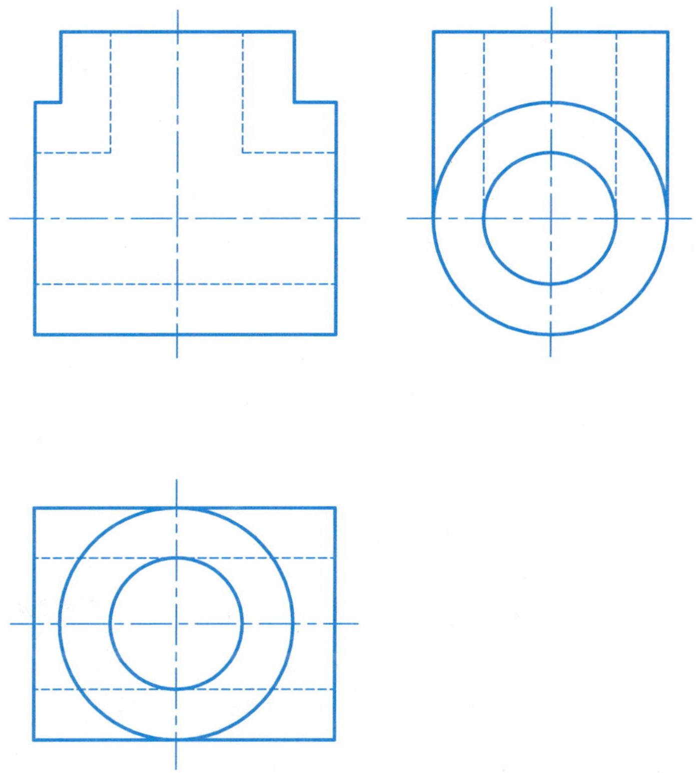

(3)

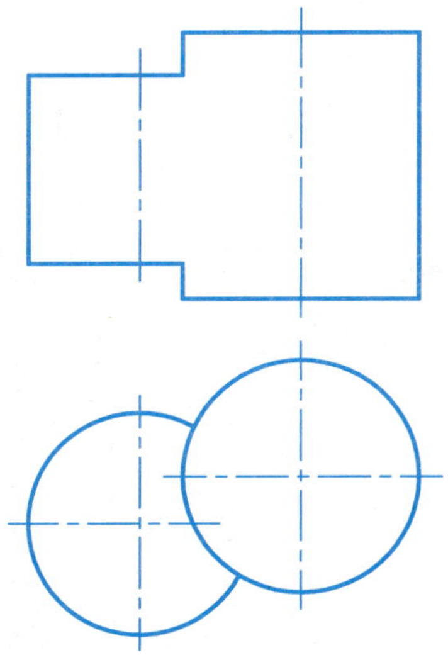

7.4 同坡屋面

班级:__________ 姓名:__________ 学号:__________

1. 已知屋面倾角α=30°和屋面的水平投影，完成其V面、W面投影。

(1)

(2)

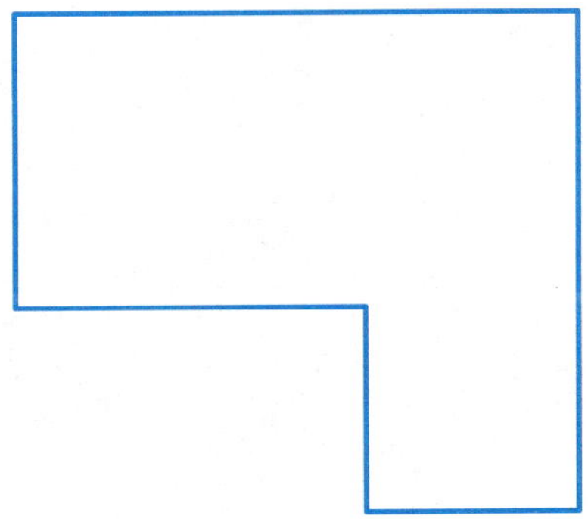

班级：________ 姓名：________ 学号：________

1. 已知屋面倾角 $\alpha=30°$ 和屋面的水平投影，完成其 V 面、W 面投影。

(3)

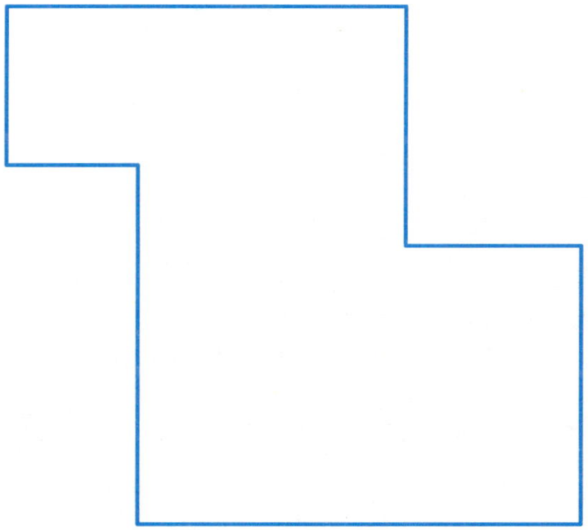

第 8 章　组合体

8.1　组合体三视图的形成及其投影规律

班级:__________　姓名:__________　学号:__________

1. 根据立体形状补画组合体的三视图中的另外一个视图。

(1)

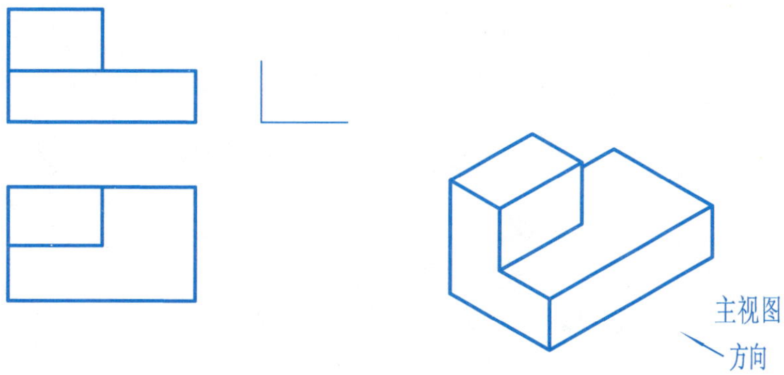

(2)

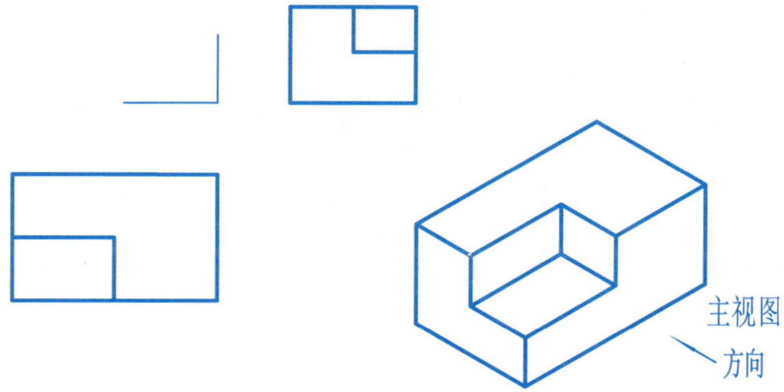

(3)

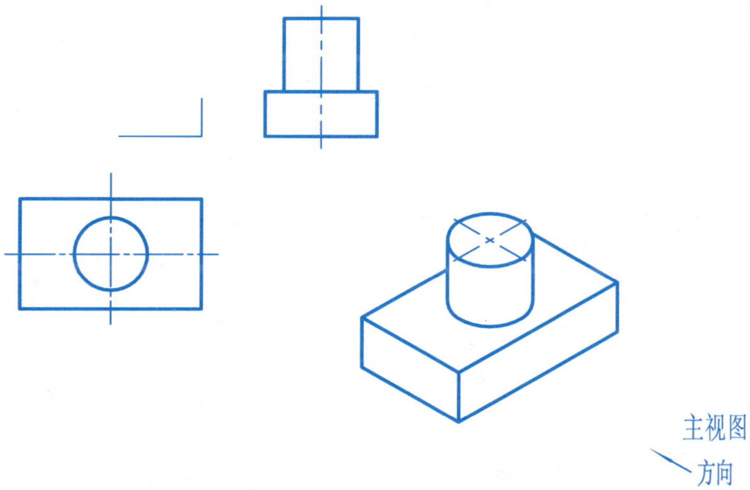

(4)

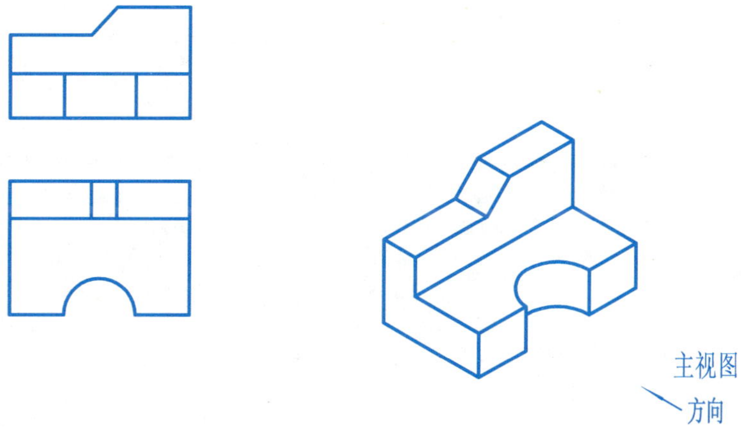

 班级:________ 姓名:________ 学号:________

1. 依据所给尺寸画出基本形体的三视图，再按立体图示的组合方式画出组合体的三视图(本题所有孔槽皆挖通)。

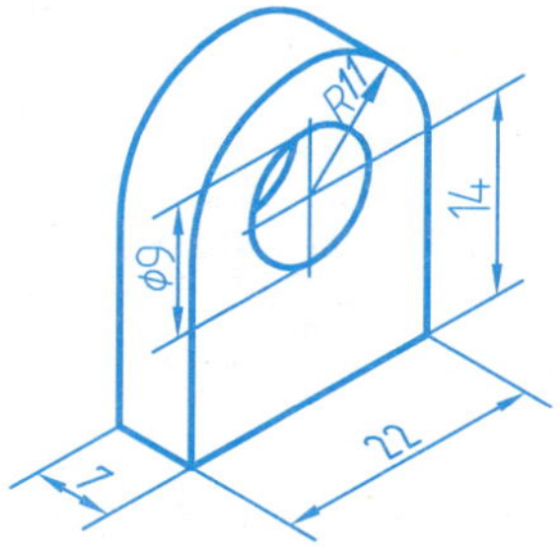

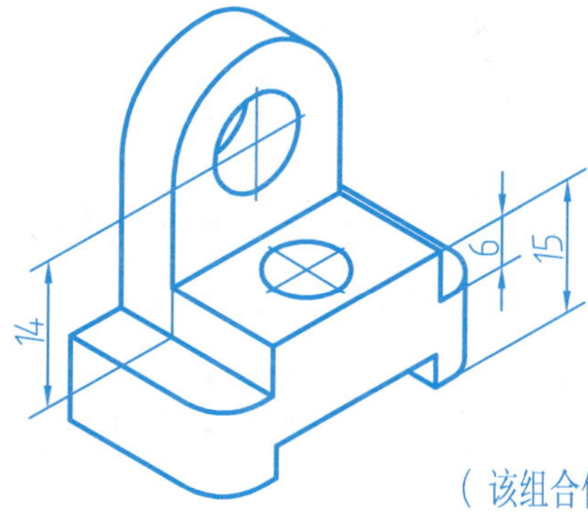

（该组合体左右对称）

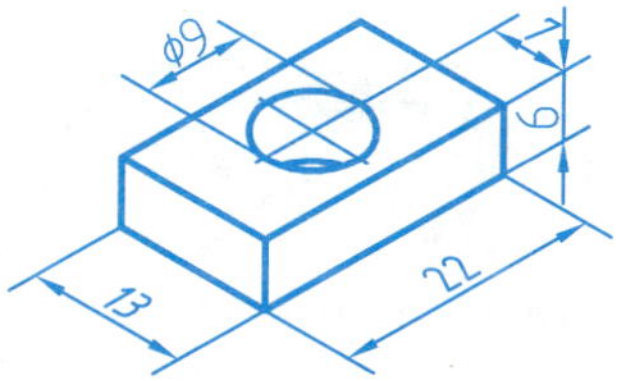

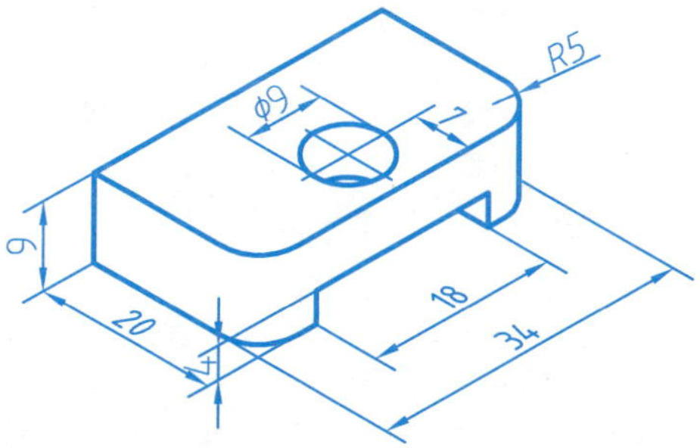

2. 依据所给尺寸先画出基本形体的三视图，再按立体图示的组合方式补画出组合体三视图中所缺的图线(本题所有孔槽皆挖通)。

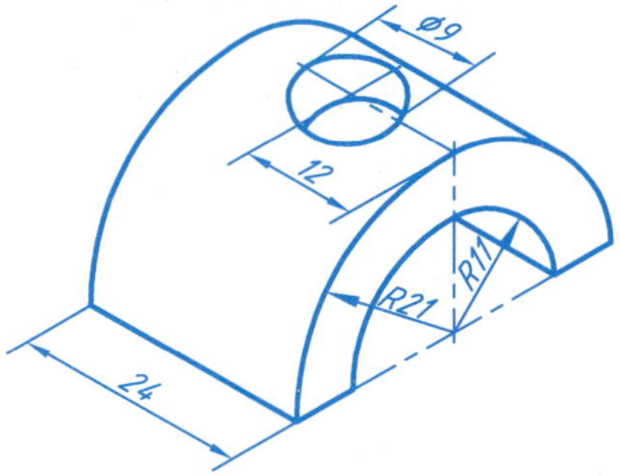

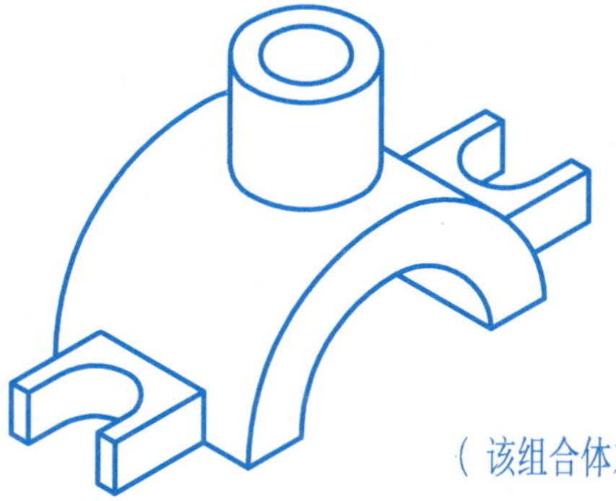

（该组合体左右对称）

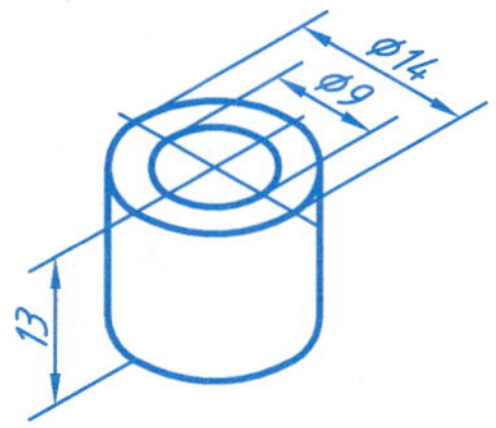

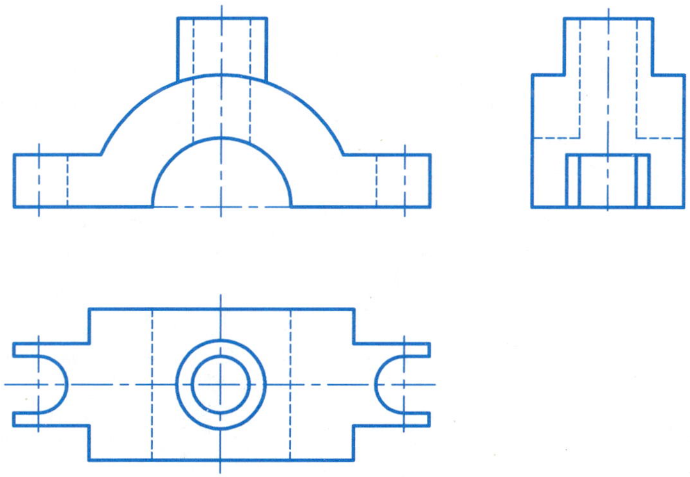

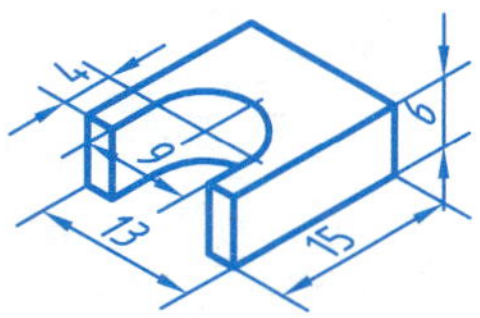

8.2 组合体的形体分析

班级：________ 姓名：________ 学号：________

3. 结合轴测图所示补画出组合体主视图中所缺的线条。

(1)

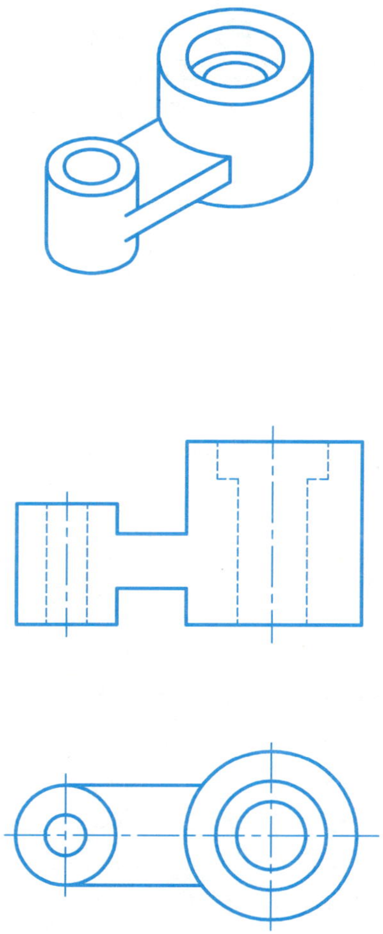

(2)

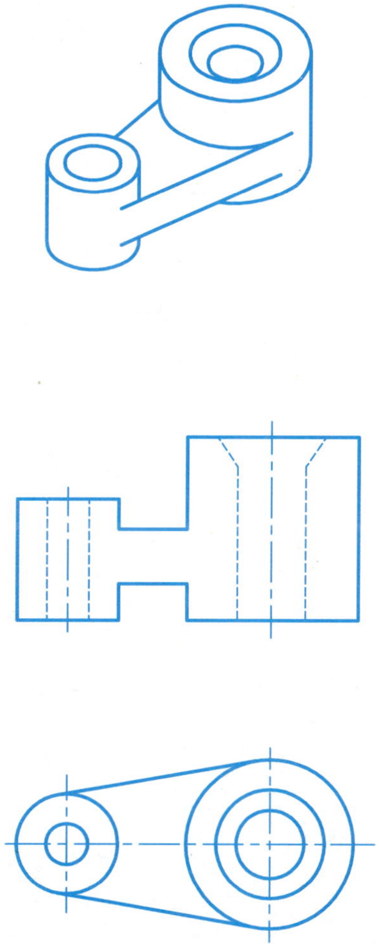

(3)

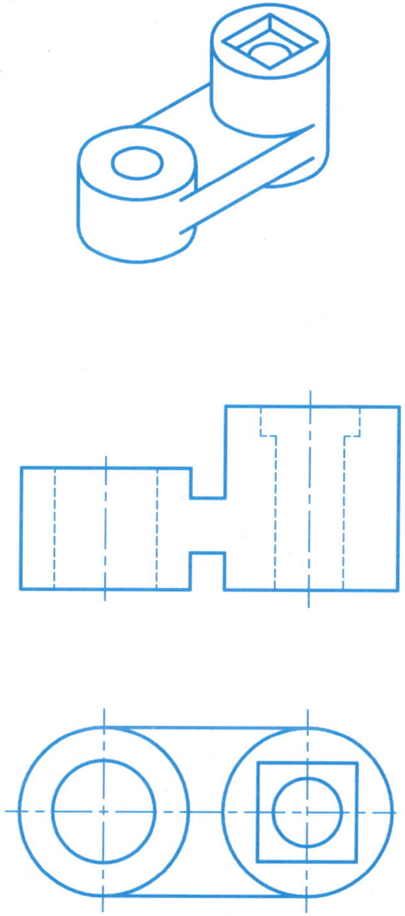

8.2 组合体的形体分析

班级:________ 姓名:________ 学号:________

3. 结合轴测图所示补画出组合体主视图中所缺的线条。

(4)

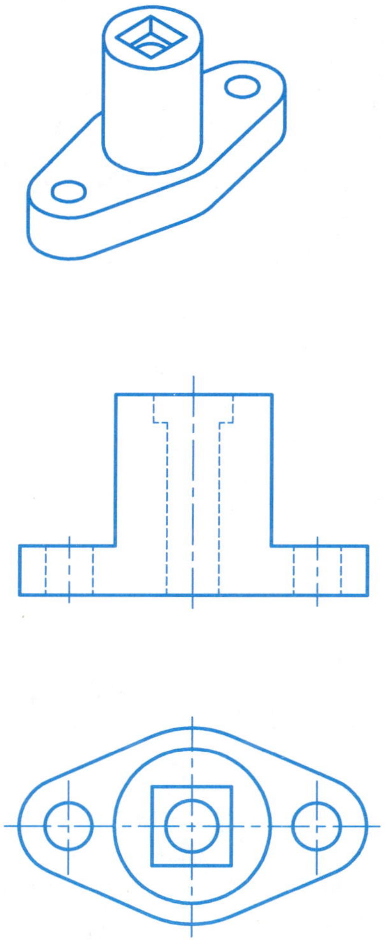

(5)

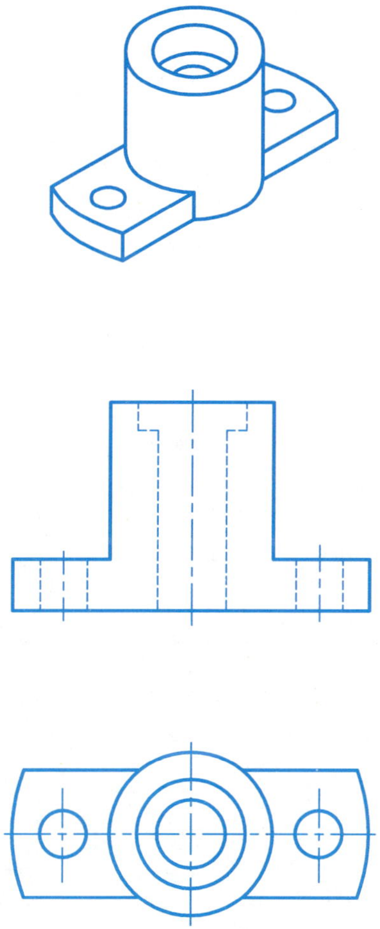

(6)

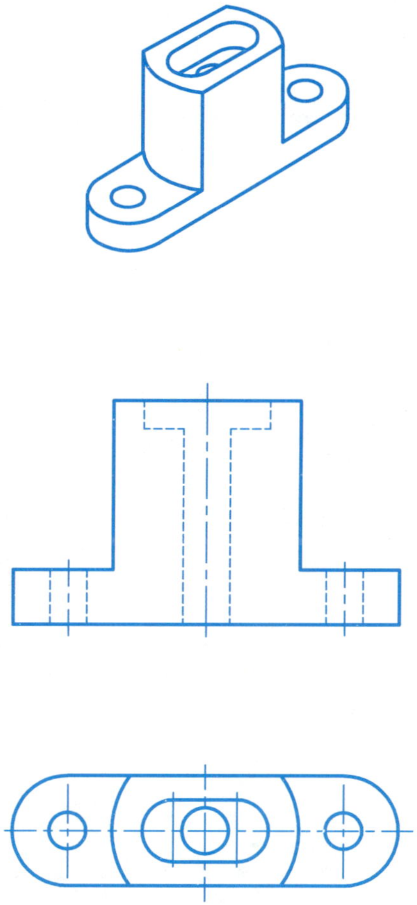

8.3 组合体三视图的画法

班级：______ 姓名：______ 学号：______

1. 根据立体图补画组合体三视图所缺的另外一个视图。

(1)

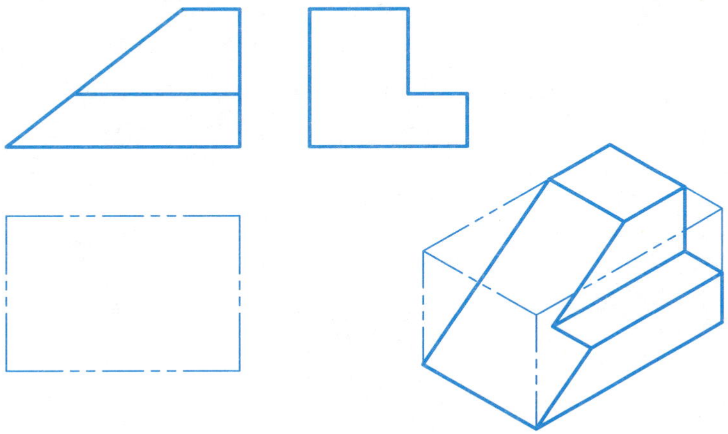

(2)

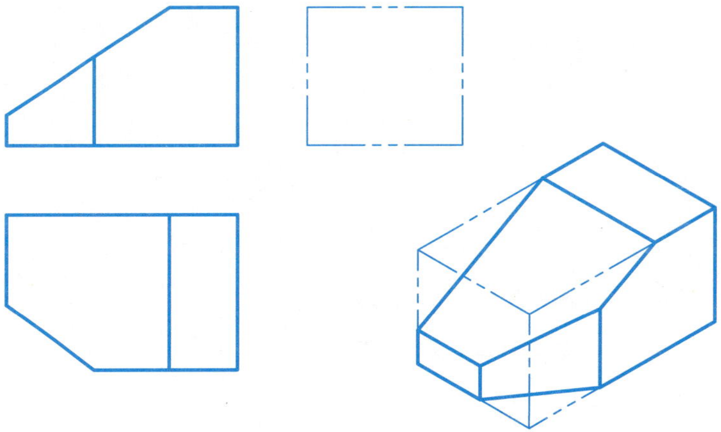

(3)

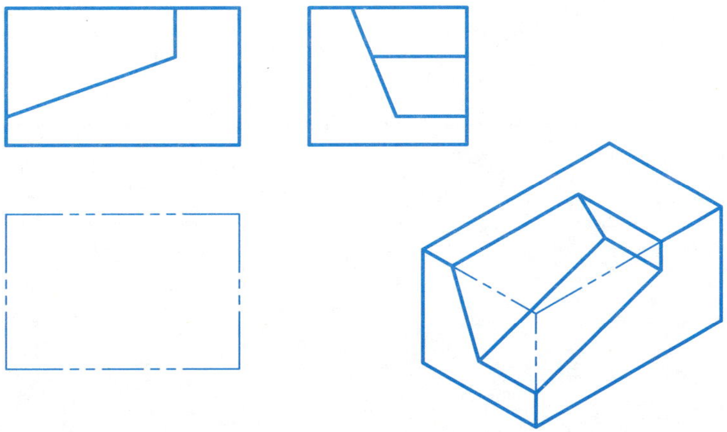

(4)

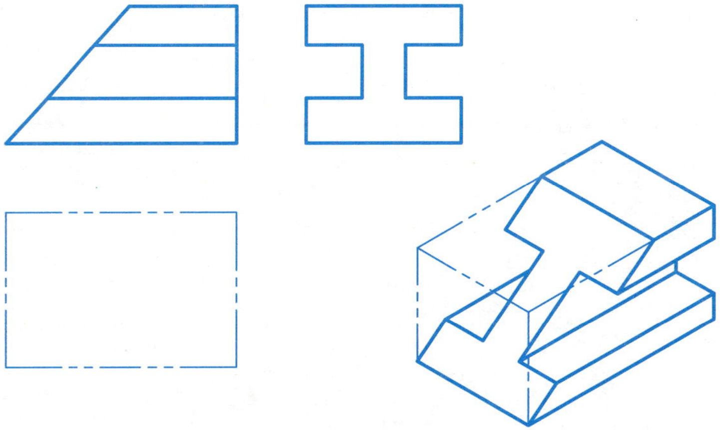

1. 根据立体图补画组合体三视图所缺的另外一个视图。

(5)

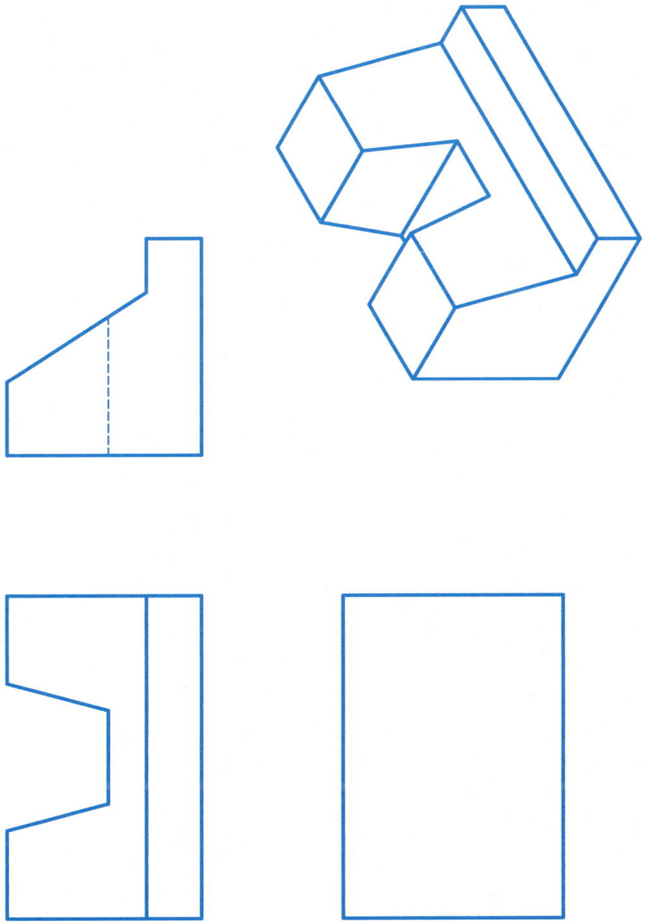

(6)

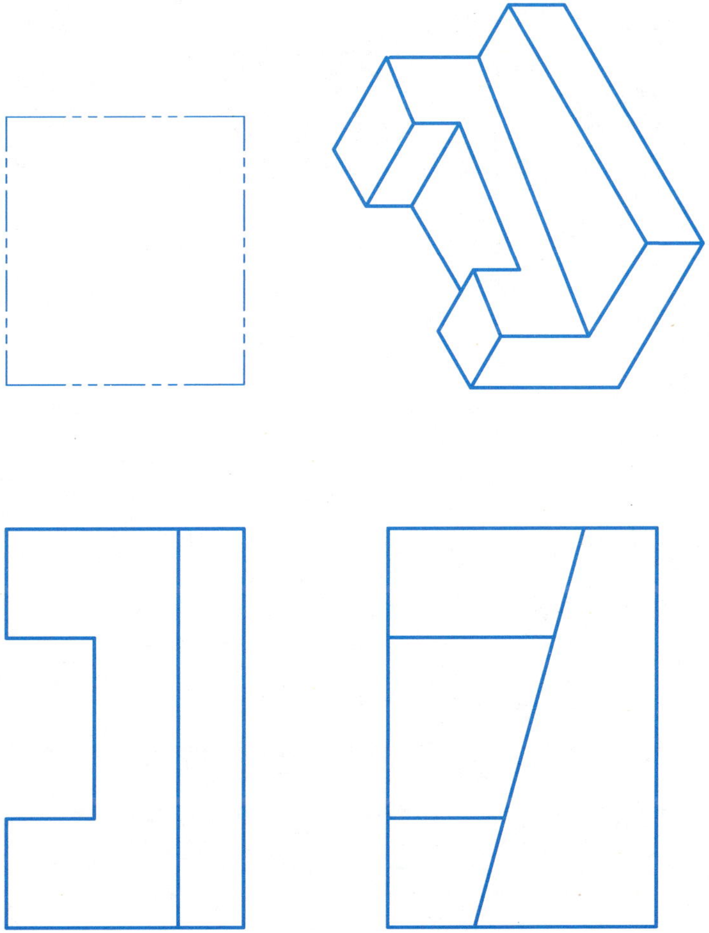

班级：________ 姓名：________ 学号：________

1. 根据立体图补画组合体三视图所缺的另外一个视图。

(7)

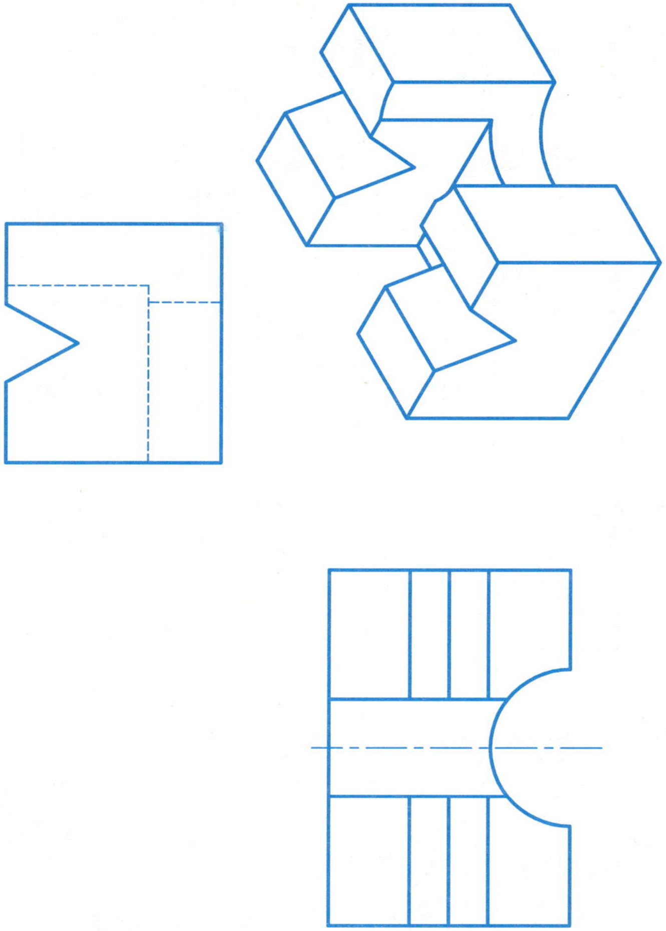

(8)

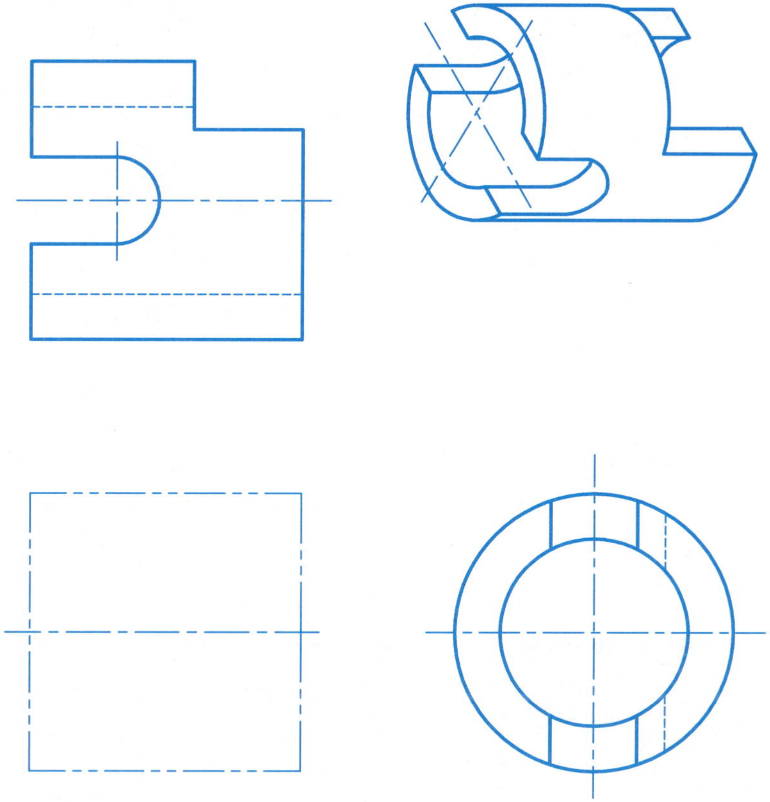

8.3 组合体三视图的画法

班级:__________ 姓名:__________ 学号:__________

2. 由立体图补画组合体的左视图。

(1)

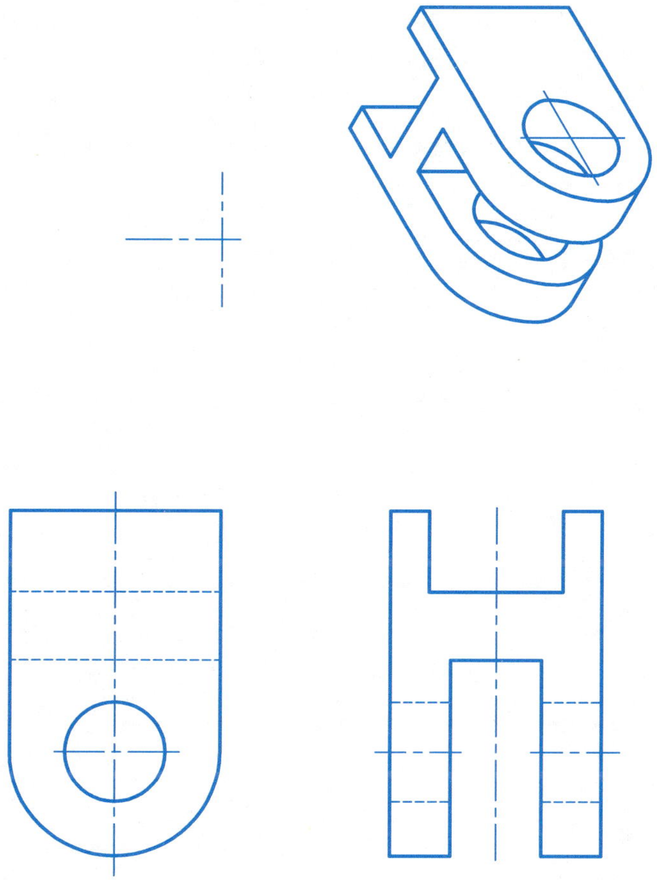

(2)

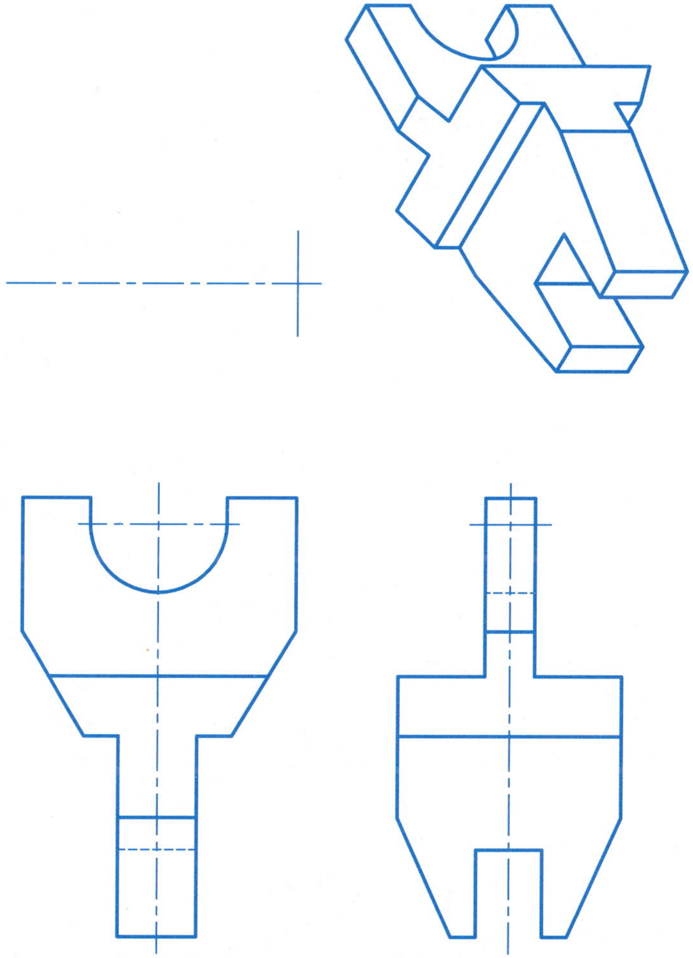

班级:________ 姓名:________ 学号:________

2. 由立体图补画组合体的左视图。

(3)

(4)

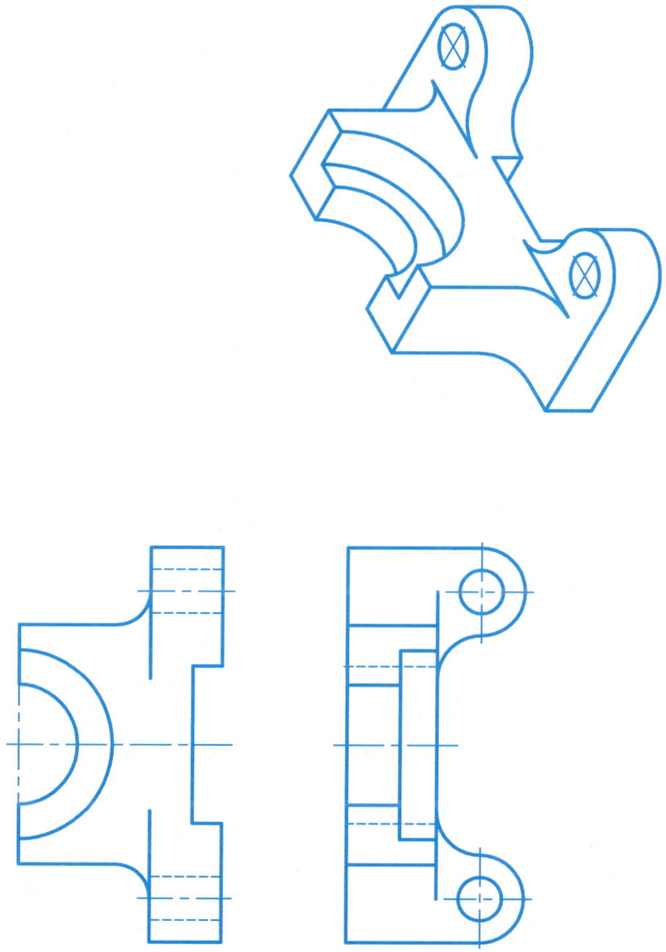

班级:________ 姓名:________ 学号:________

3. 由立体图补画组合体所缺的第三个视图。

(1)

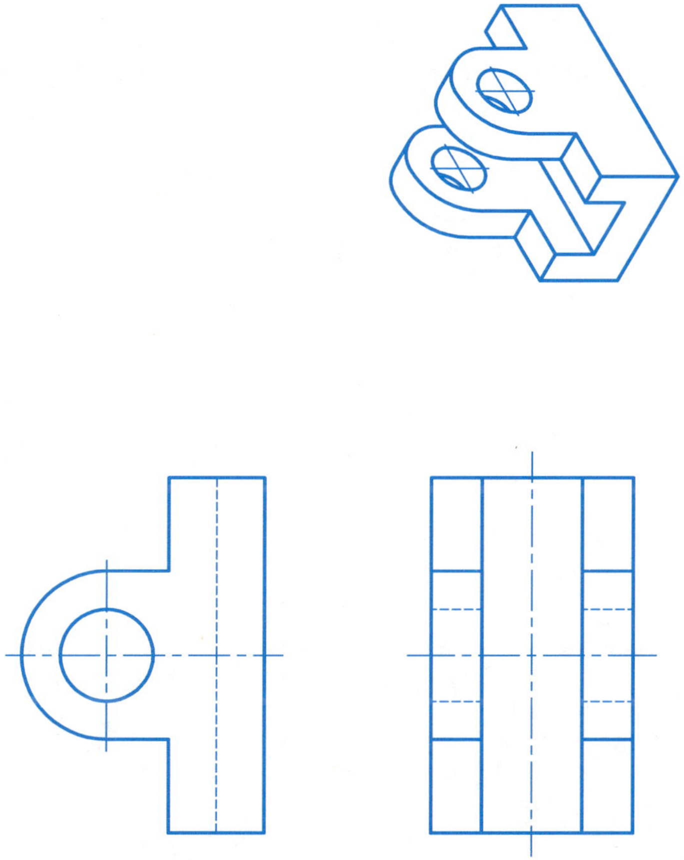

(2)

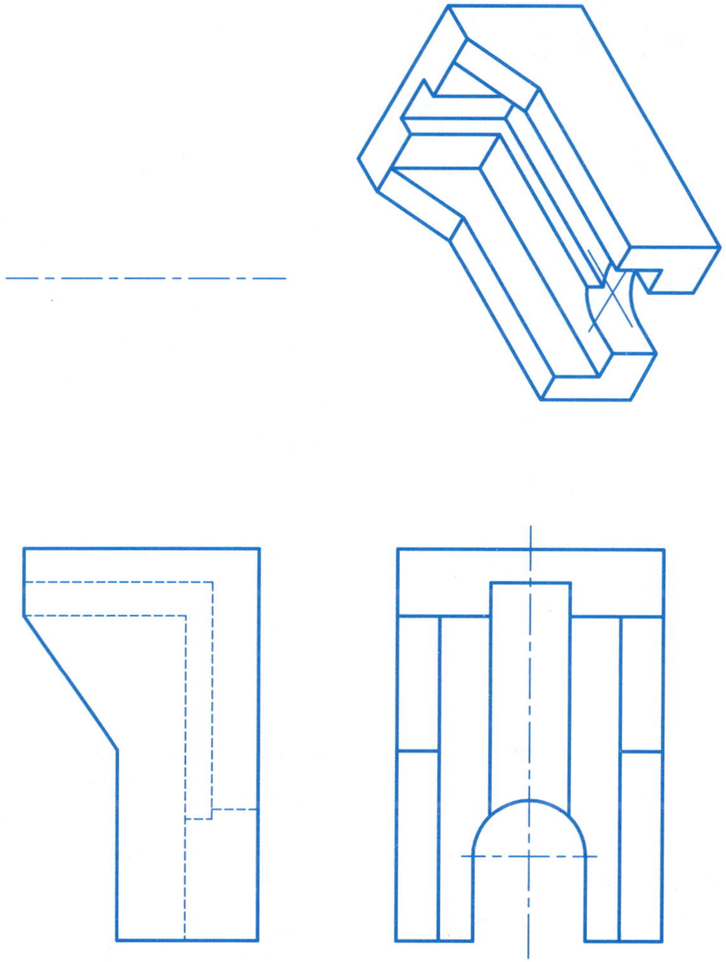

班级：__________ 姓名：__________ 学号：__________

3. 由立体图补画组合体所缺的第三个视图。

(3)

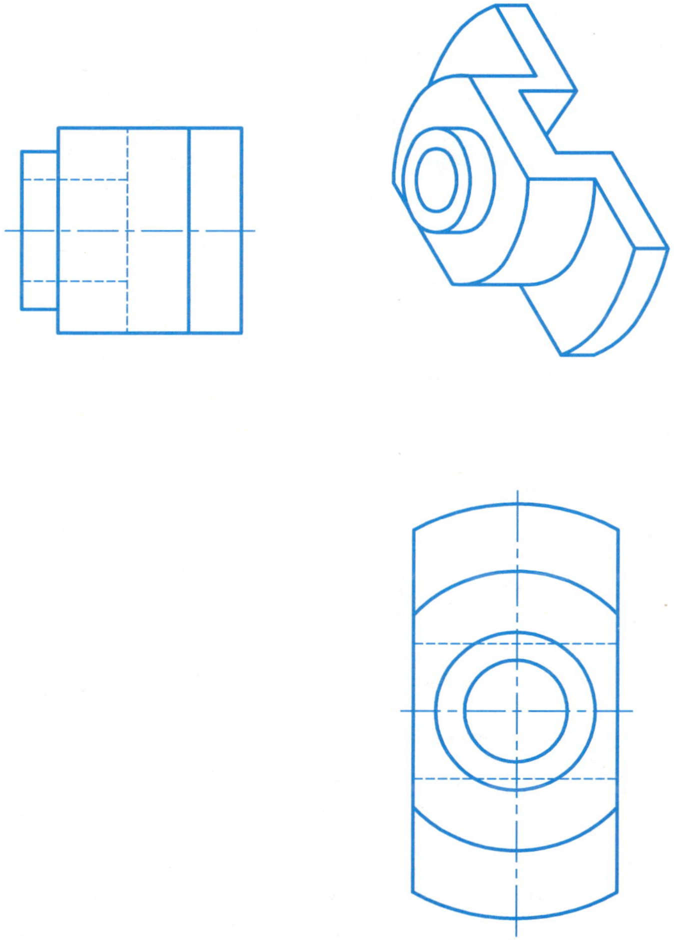

(4)

班级:________ 姓名:________ 学号:________

1. 阅读视图并标注尺寸，尺寸数字按1∶1从视图中直接量取整数（小数点后四舍五入）。

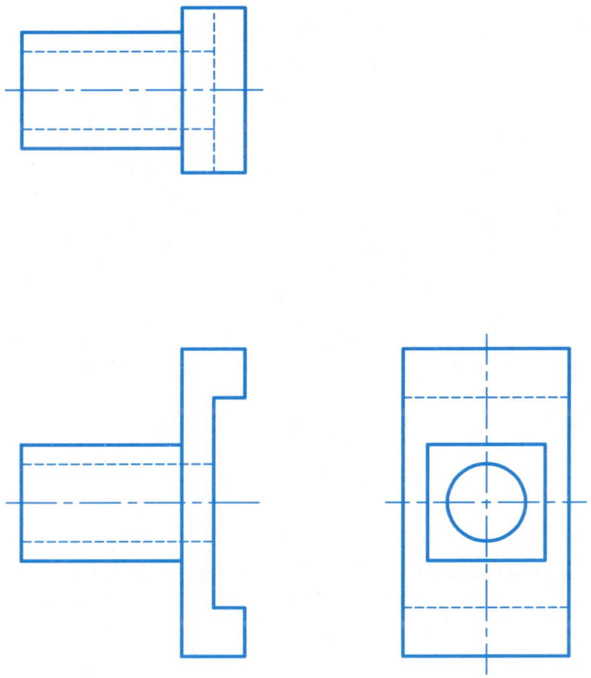

(1)

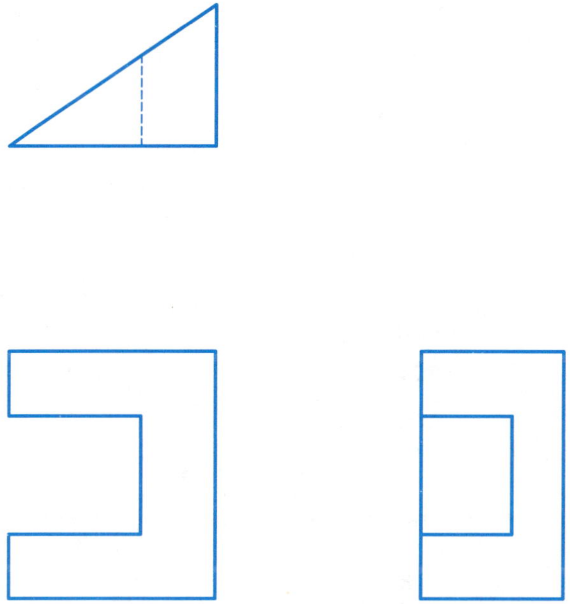

(2)

8.4 组合体的尺寸标注

班级：________ 姓名：________ 学号：________

1. 阅读视图并标注尺寸，尺寸数字按1∶1从视图中直接量取整数（小数点后四舍五入）。

(3)

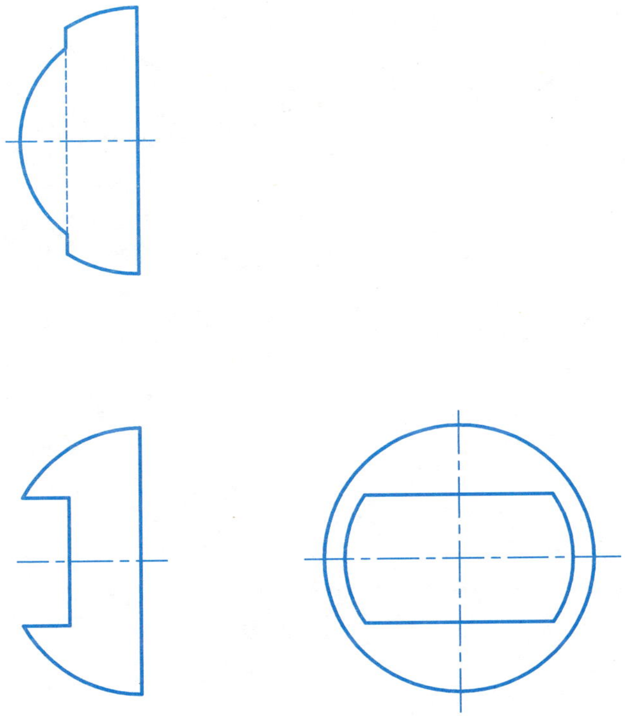

(4)

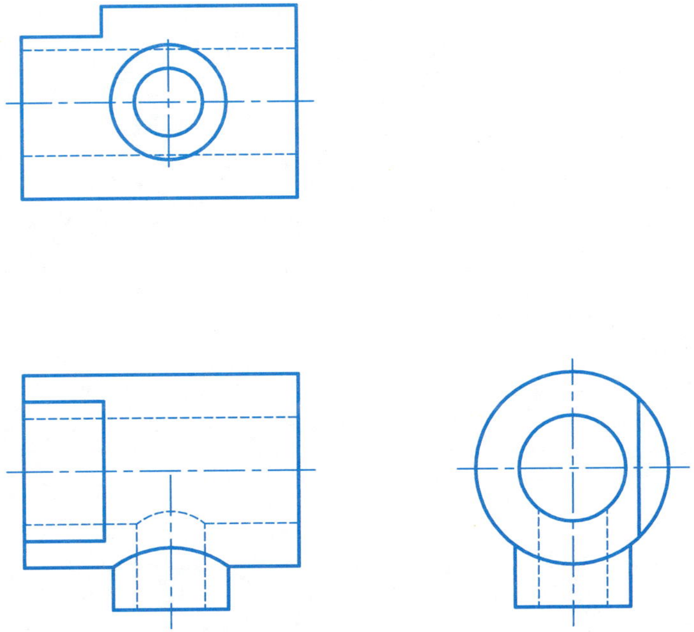

8.4　组合体的尺寸标注

班级:________　姓名:________　学号:________

1. 阅读视图并标注尺寸，尺寸数字按1∶1从视图中直接量取整数（小数点后四舍五入）。

(5)

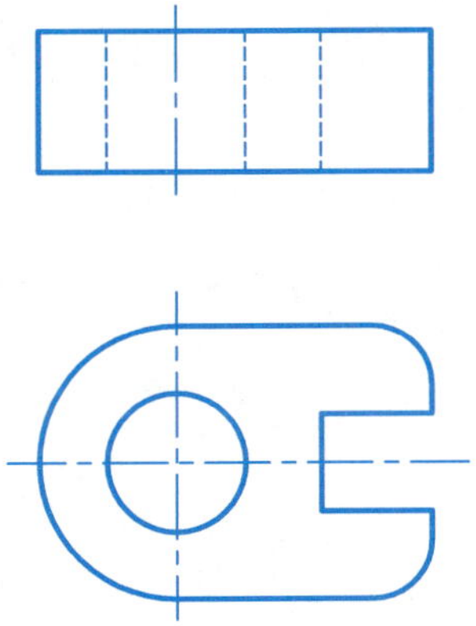

(6)

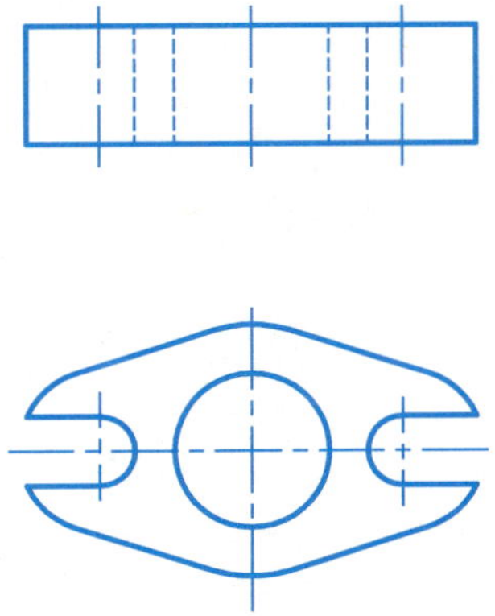

(7)

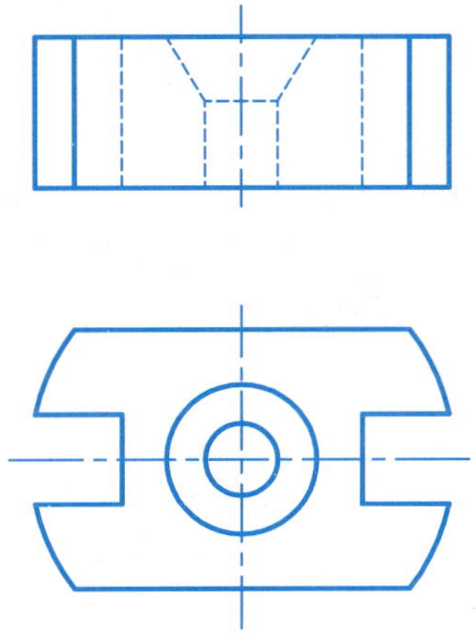

(8)

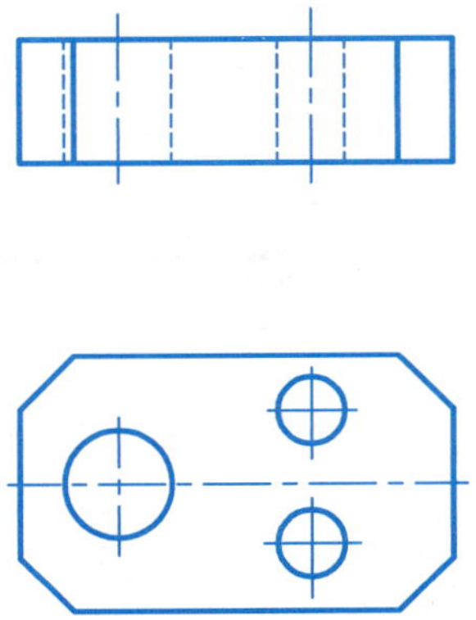

(9)

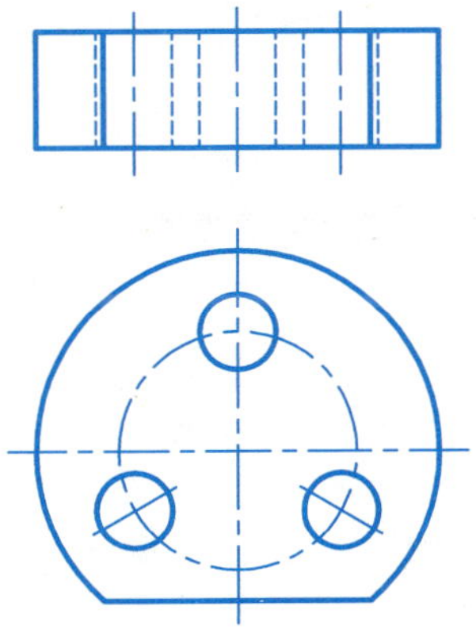

(10)

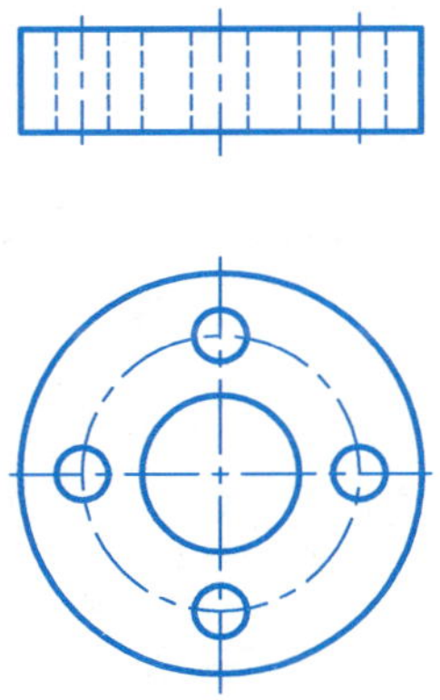

2. 阅读视图并标注尺寸，尺寸数字按1：1从视图中直接量取整数(小数点后四舍五入)。

(1)

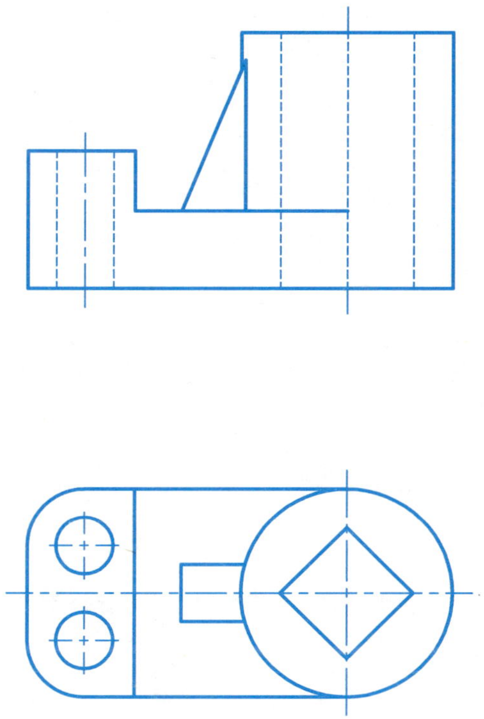

(2)

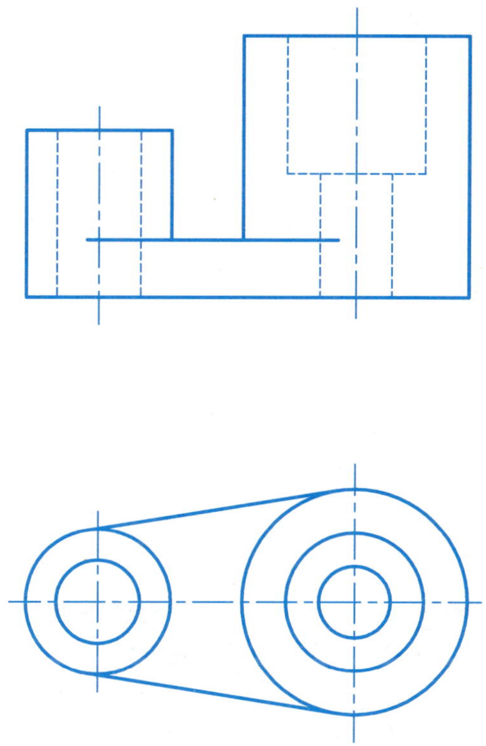

2. 阅读视图并标注尺寸，尺寸数字按1∶1从视图中直接量取整数(小数点后四舍五入)。

(3)

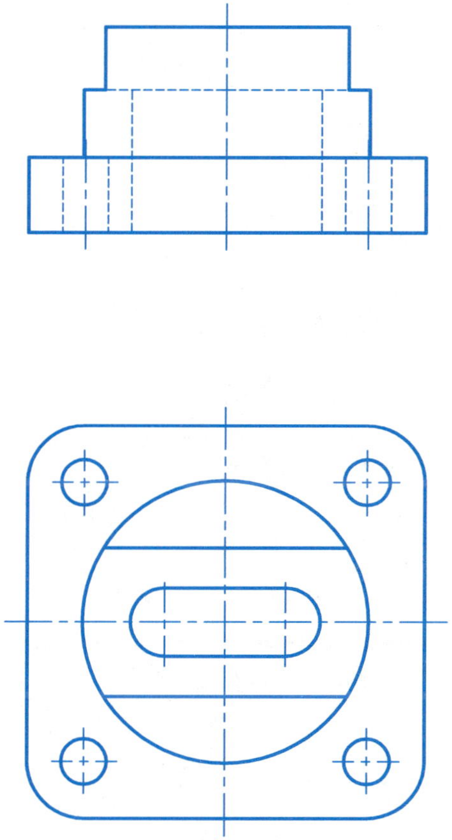

(4)

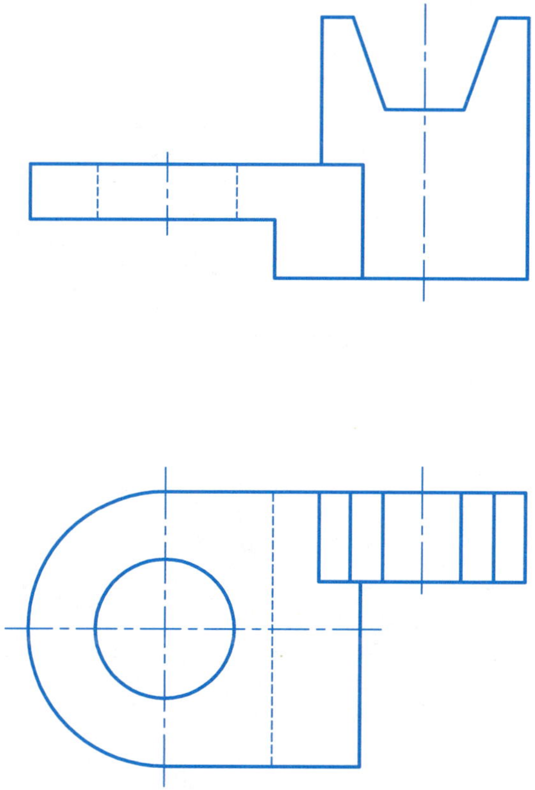

班级：__________ 姓名：__________ 学号：__________

2. 阅读视图并标注尺寸，尺寸数字按1∶1从视图中直接量取整数(小数点后四舍五入)。

(5)

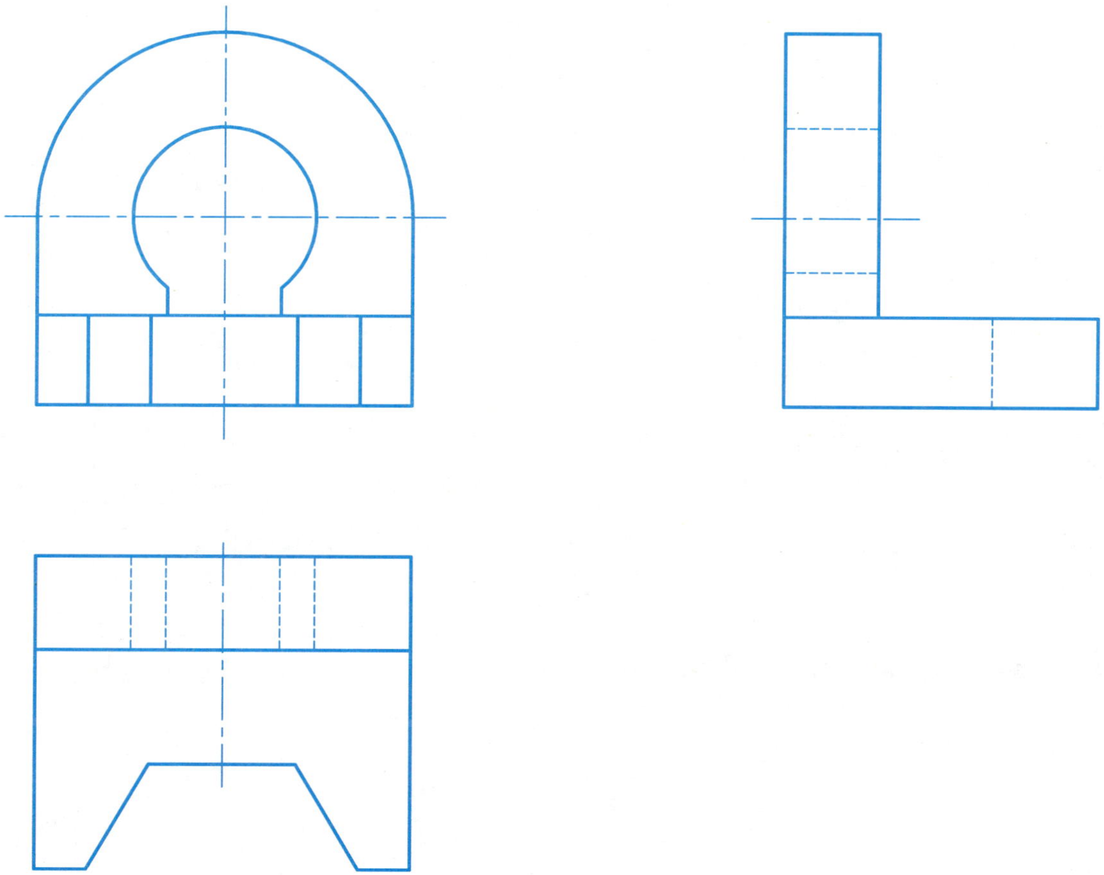

班级：__________ 姓名：__________ 学号：__________

2.阅读视图并标注尺寸，尺寸数字按1∶1从视图中直接量取整数(小数点后四舍五入)。

(6)

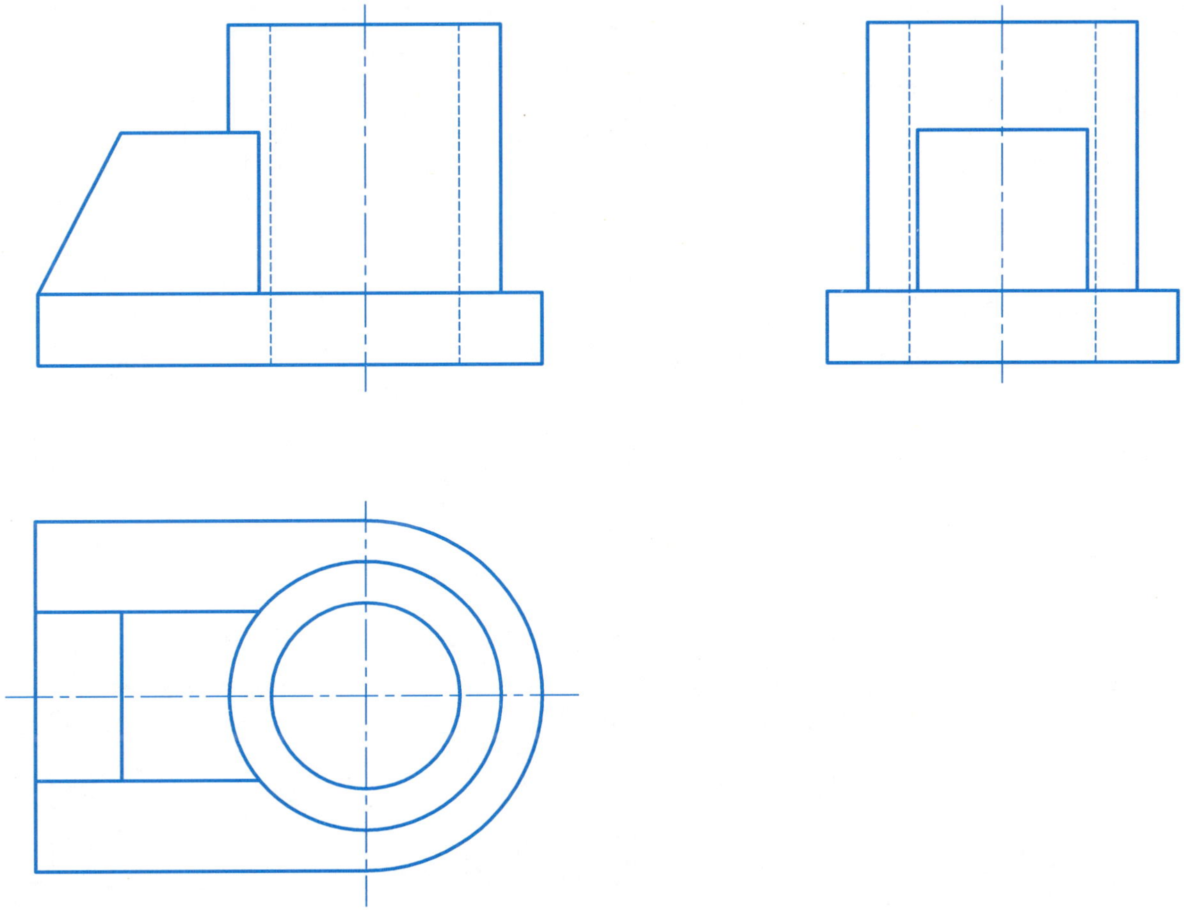

2. 阅读视图并标注尺寸，尺寸数字按1∶1从视图中直接量取整数(小数点后四舍五入)。

(7)

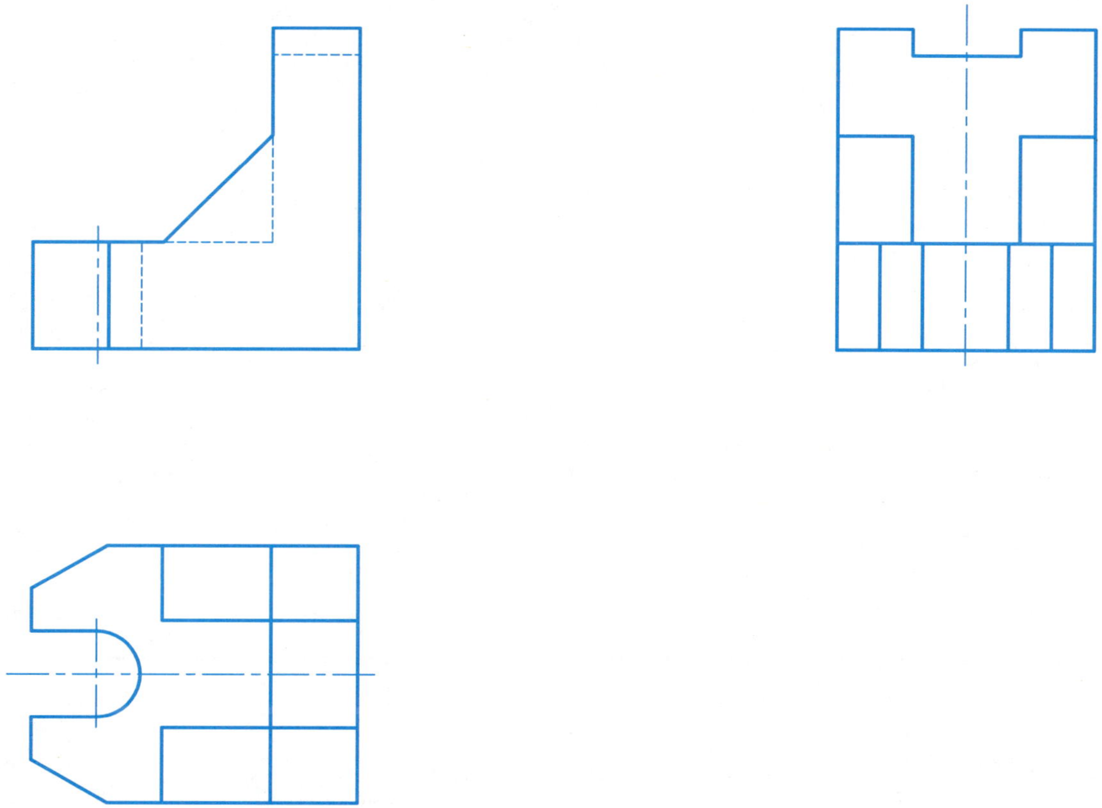

8.5 组合体的画法与尺寸标注综合训练

班级：__________ 姓名：__________ 学号：__________

1. 按1：1的比例由组合体的轴测图画其三视图并标注尺寸(图中的孔皆为通孔)。

(1)

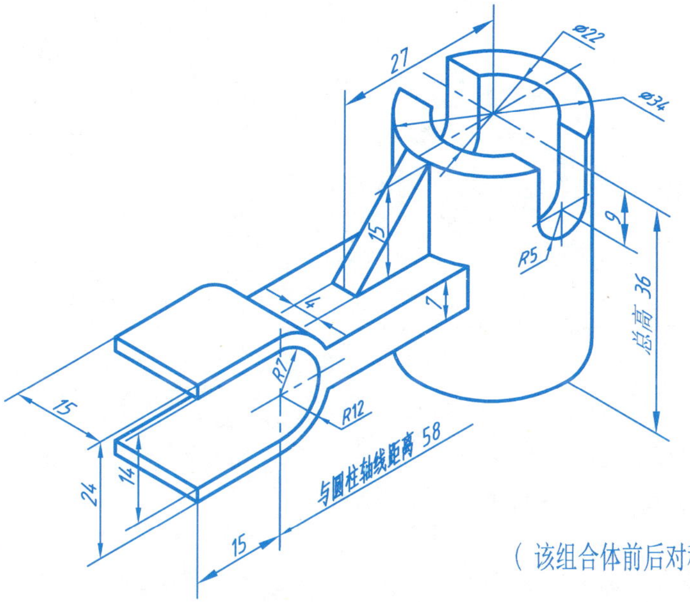

(该组合体前后对称)

　　班级：________　　姓名：________　　学号：________

1. 按1：1的比例由组合体的轴测图画其三视图并标注尺寸(图中的孔皆为通孔)。

(2)

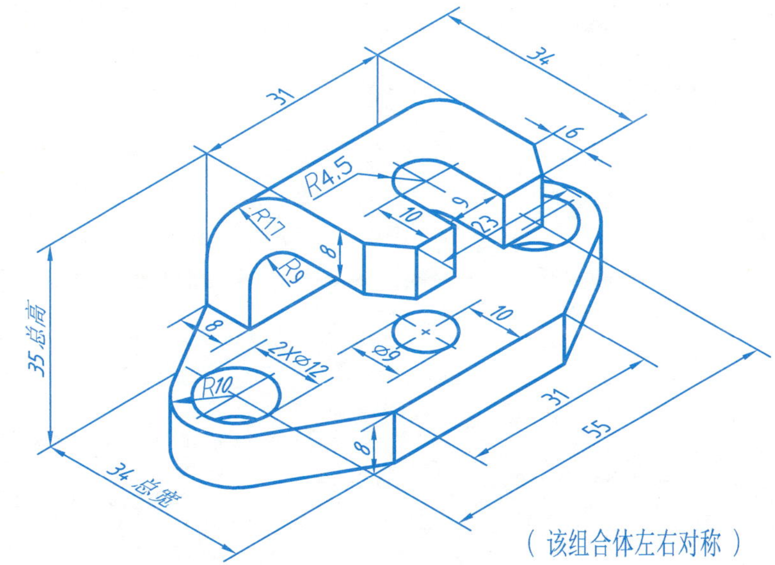

(该组合体左右对称)

8.5 组合体的画法与尺寸标注综合训练

班级:____________ 姓名:____________ 学号:____________

1. 按1∶1的比例由组合体的轴测图画其三视图并标注尺寸(图中的孔皆为通孔)。

(3)

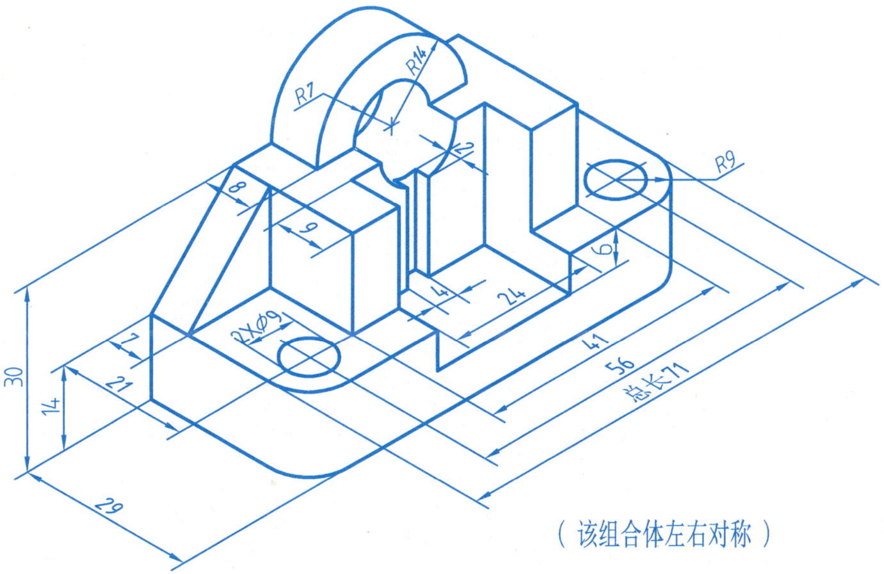

(该组合体左右对称)

8.5 组合体的画法与尺寸标注综合训练

班级：__________ 姓名：__________ 学号：__________

1. 按1∶1的比例由组合体的轴测图画其三视图并标注尺寸(图中的孔皆为通孔)。

(4)

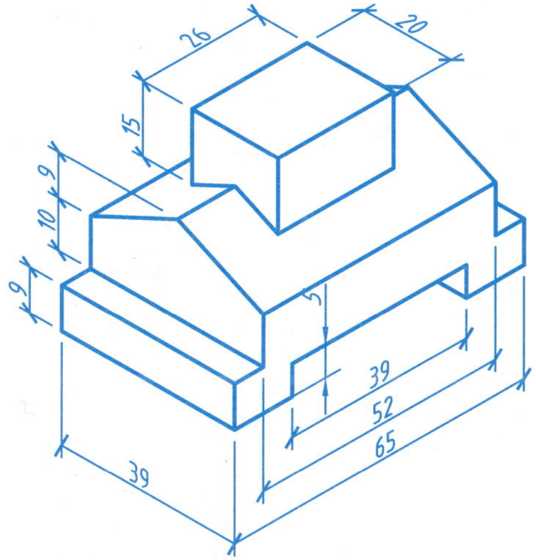

(5)

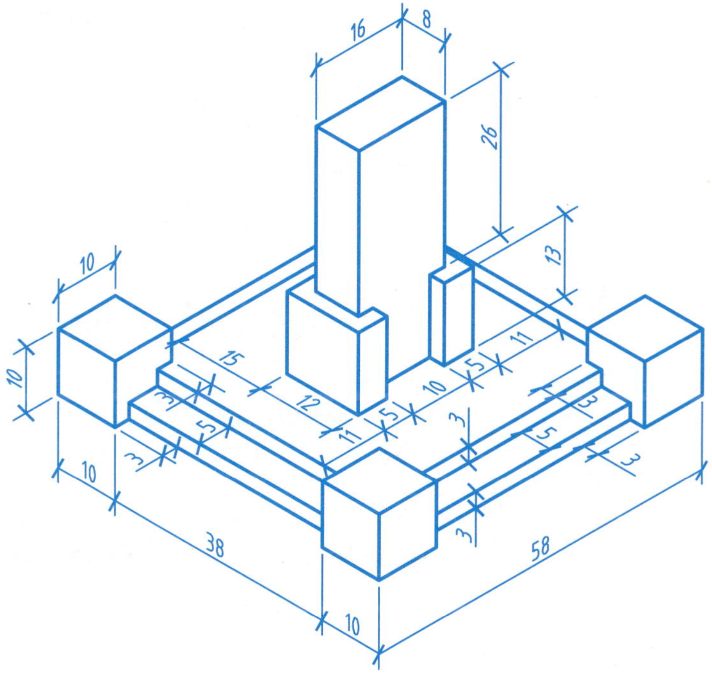

班级：________ 姓名：________ 学号：________

2. 按2：1的比例在A3图纸上绘制下列组合体的三视图并标注尺寸(图中的孔皆为通孔)。

(1)

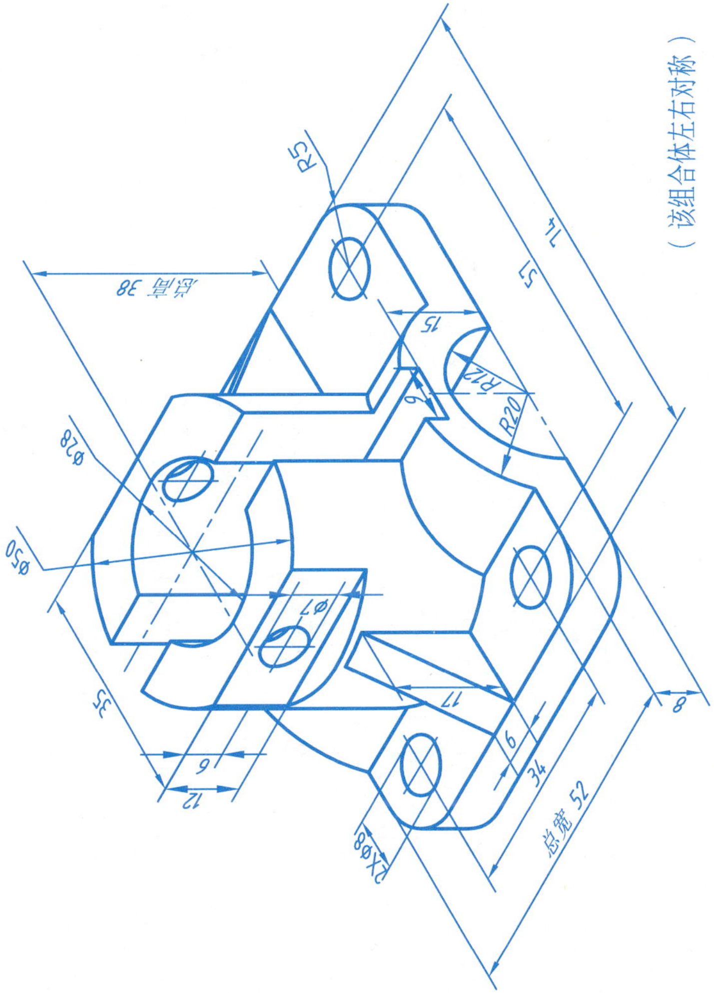

（该组合体左右对称）

(2)

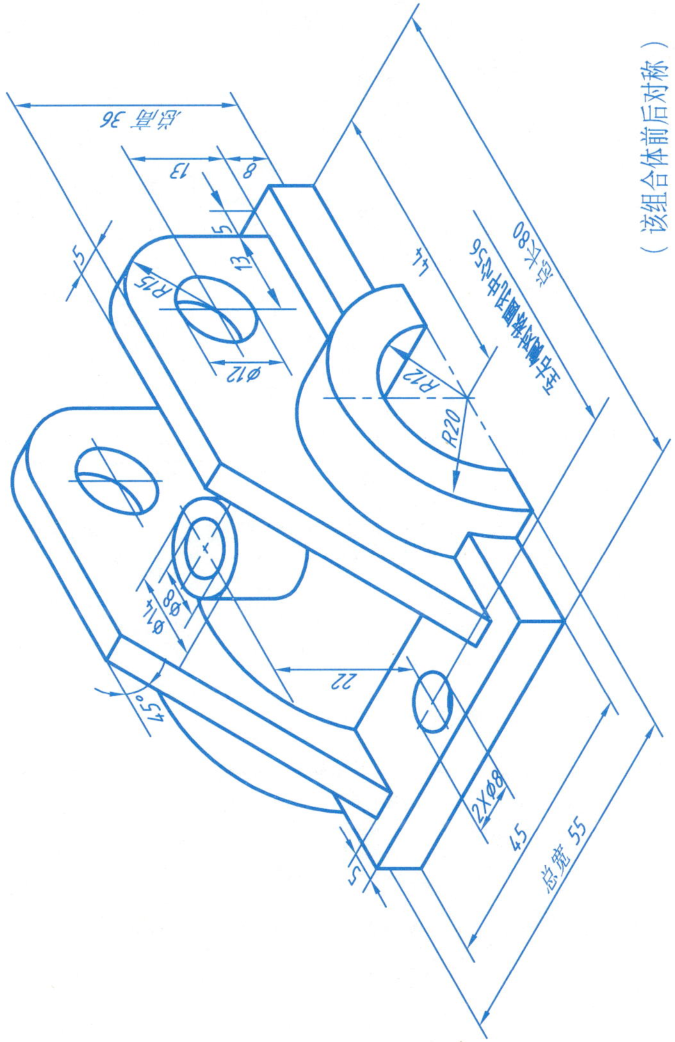

（该组合体前后对称）

8.6 组合体三视图的读图

班级:______ 姓名:______ 学号:______

1. 补画组合体三视图所缺的另外一个视图。

(1)

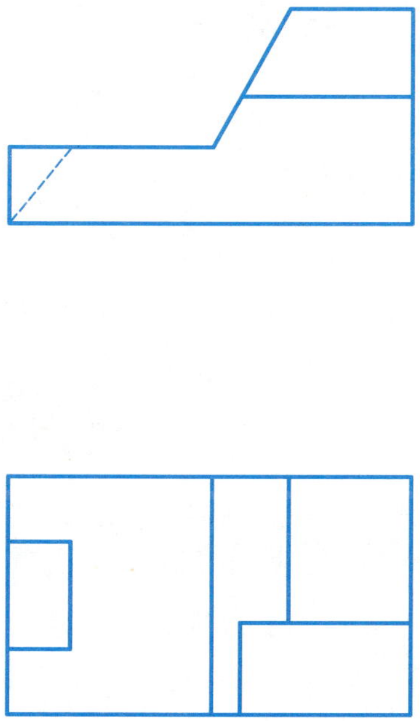

(2)

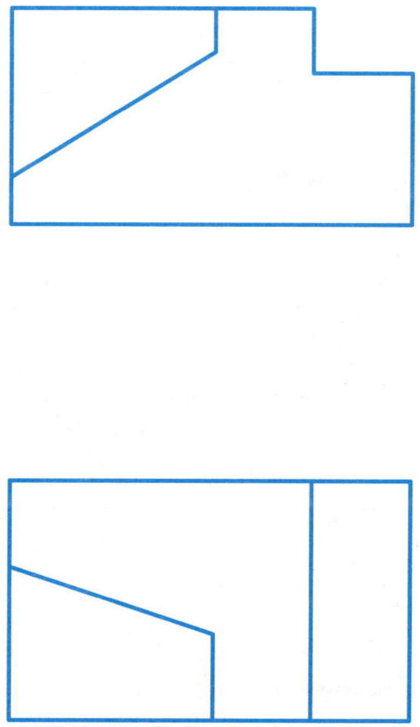

8.6 组合体三视图的读图

班级：__________ 姓名：__________ 学号：__________

1. 补画组合体三视图所缺的另外一个视图。

(3)

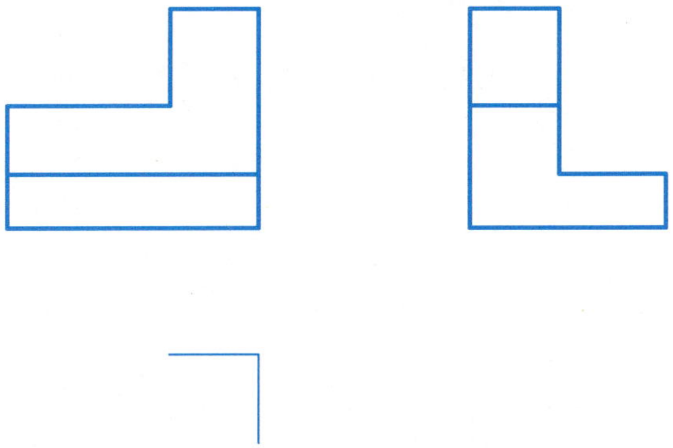

(4)

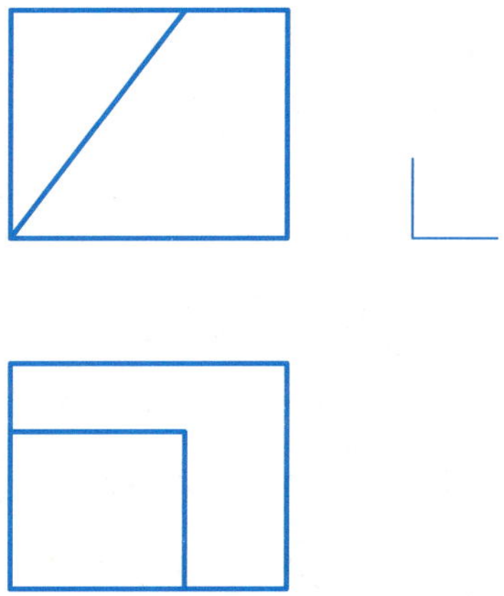

(5)

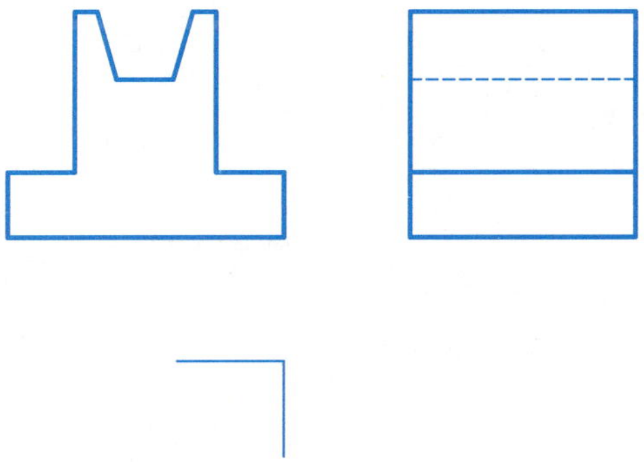

(6)

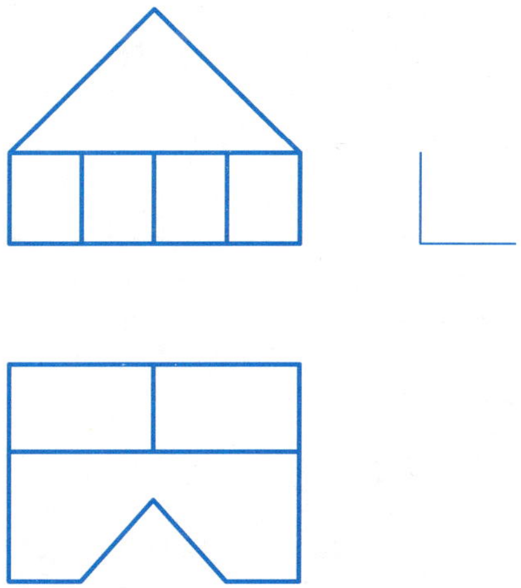

2. 依据已知视图想出组合体的形状，并补画组合体所缺的另一个视图。

(1)

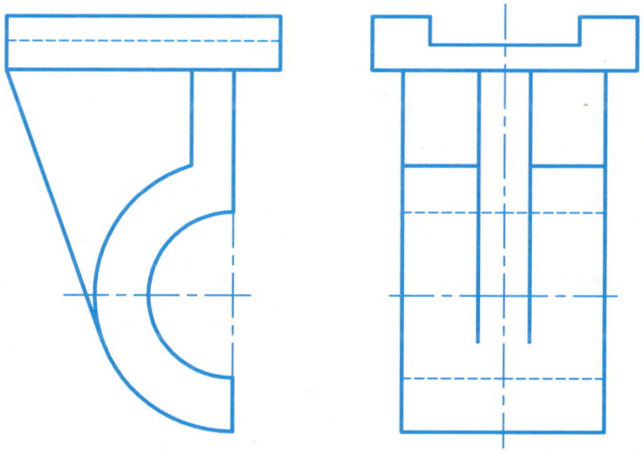

(2)

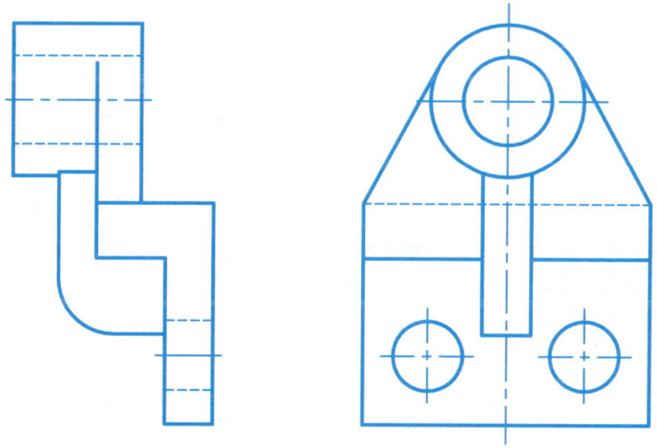

班级：________ 姓名：________ 学号：________

2. 依据已知视图想出组合体的形状，并补画组合体所缺的另一个视图。

(3)

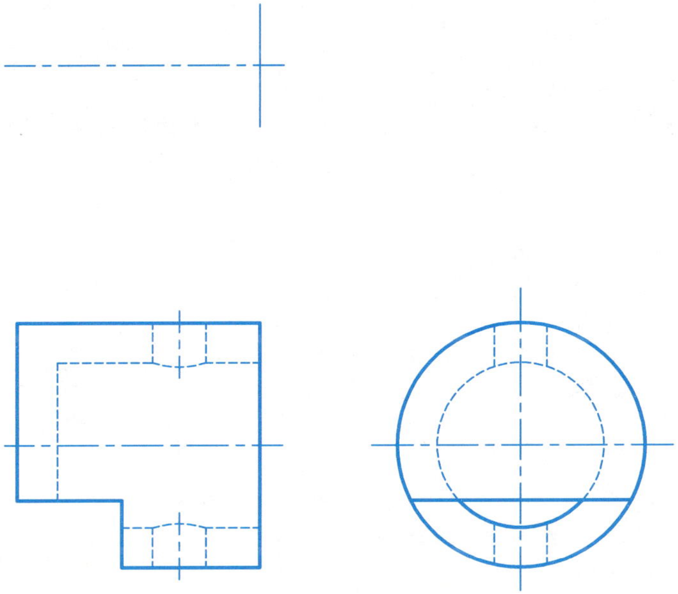

(4)

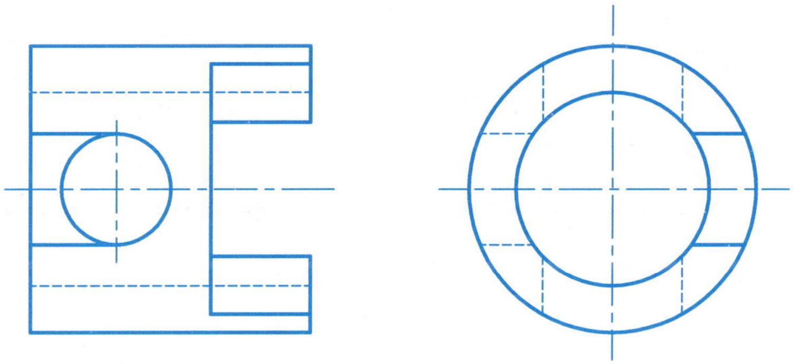

8.6 组合体三视图的读图

班级：________ 姓名：________ 学号：________

2. 依据已知视图想出组合体的形状，并补画组合体所缺的另一个视图。

(5)

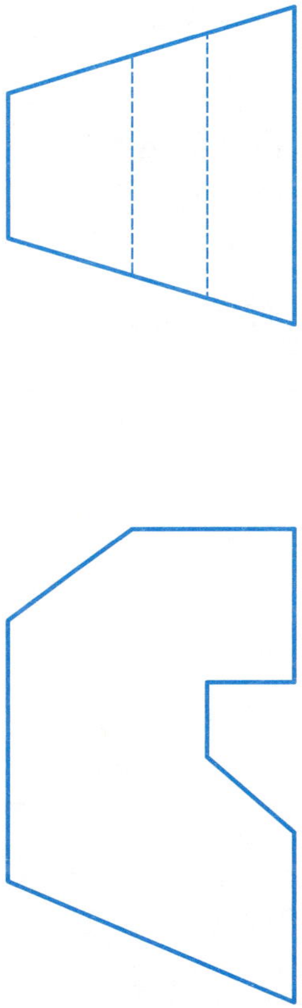

(6)

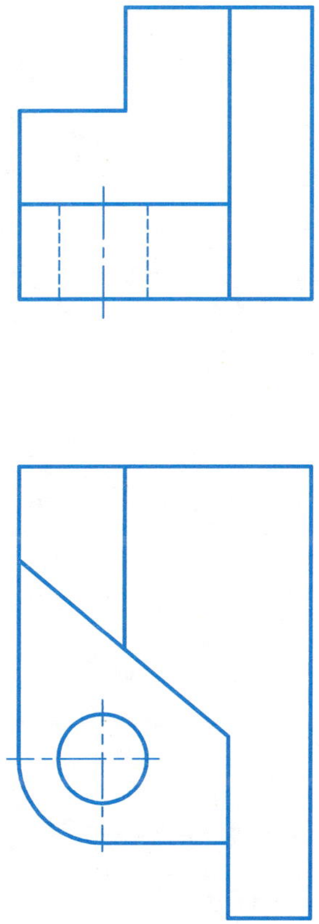

班级:________ 姓名:________ 学号:________

2. 依据已知视图想出组合体的形状，并补画组合体所缺的另一个视图。

(7)

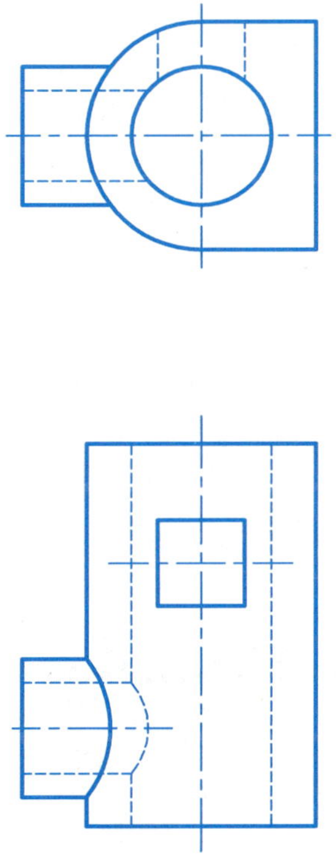

(8)

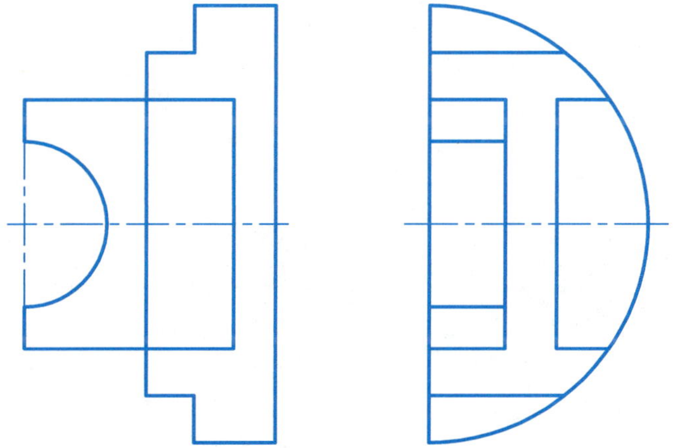

8.6 组合体三视图的读图

班级：________ 姓名：________ 学号：________

3. 补齐下列各视图中所缺的图线。

(1)

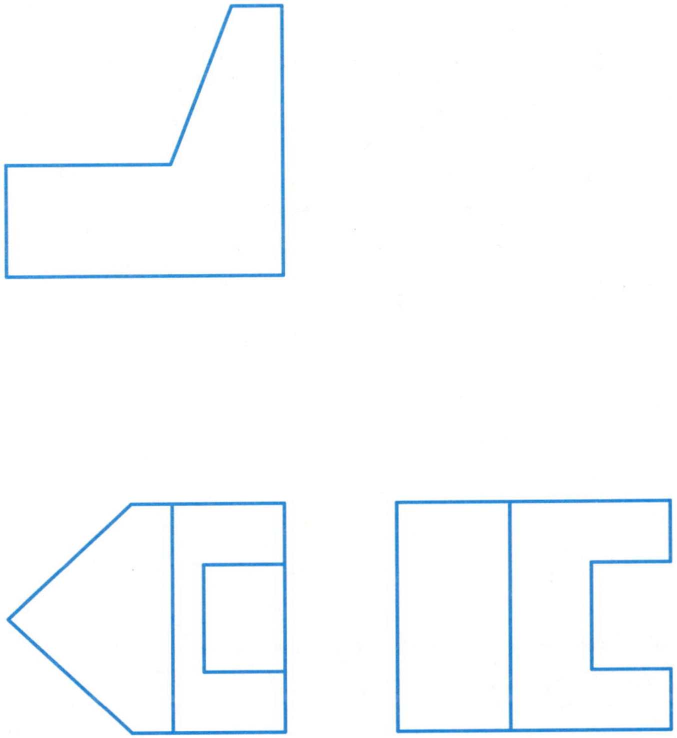

(2)

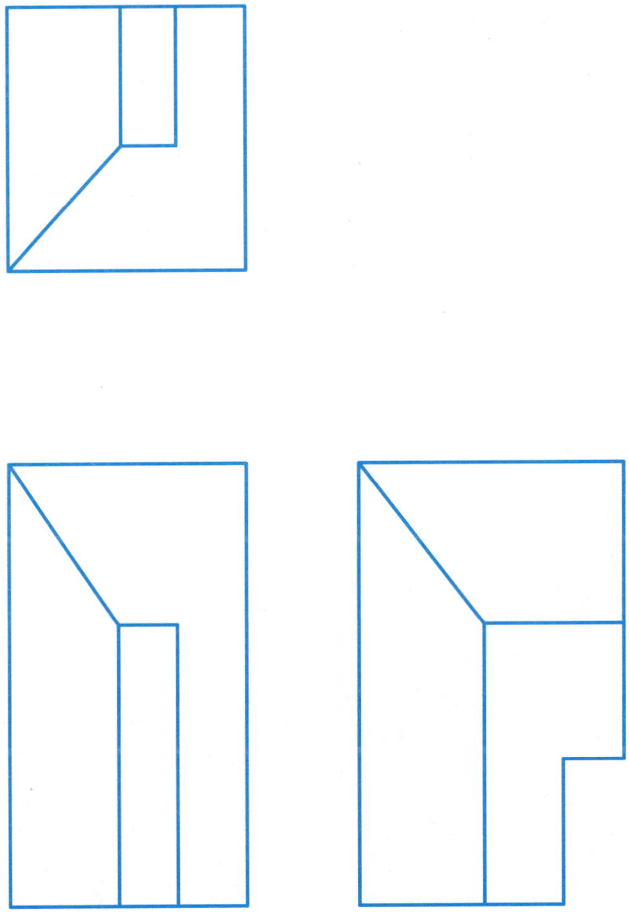

3. 补齐下列各视图中所缺的图线。

(3)

(4)

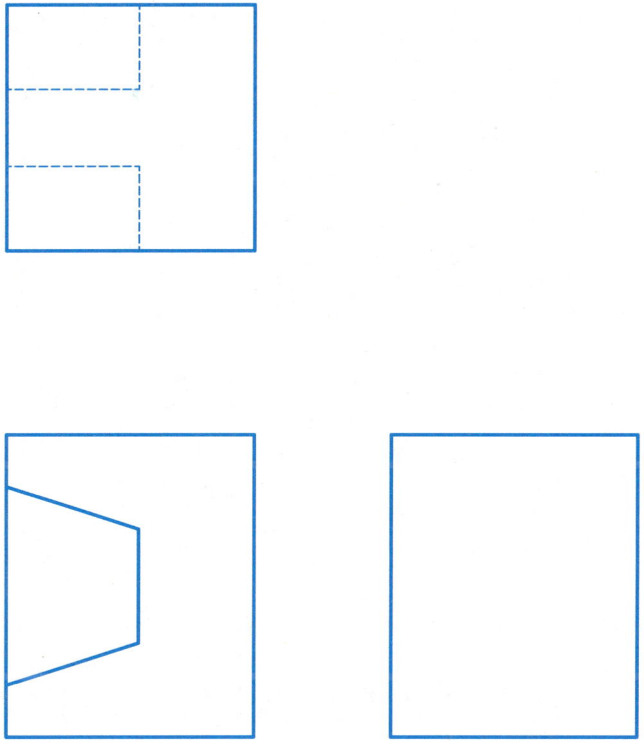

班级:________ 姓名:________ 学号:________

3. 补齐下列各视图中所缺的图线。

(5)

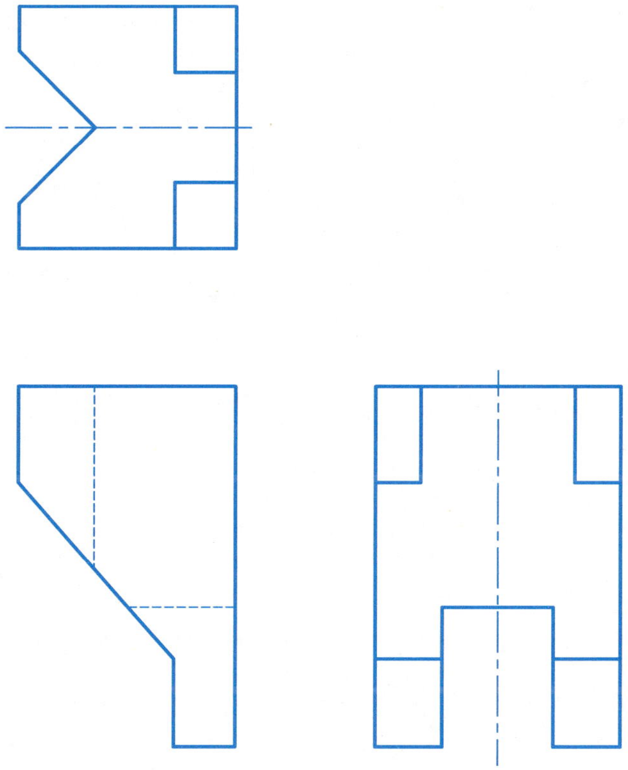

(6)

8.6 组合体三视图的读图

班级:________ 姓名:________ 学号:________

3. 补齐下列各视图中所缺的图线。

(7)

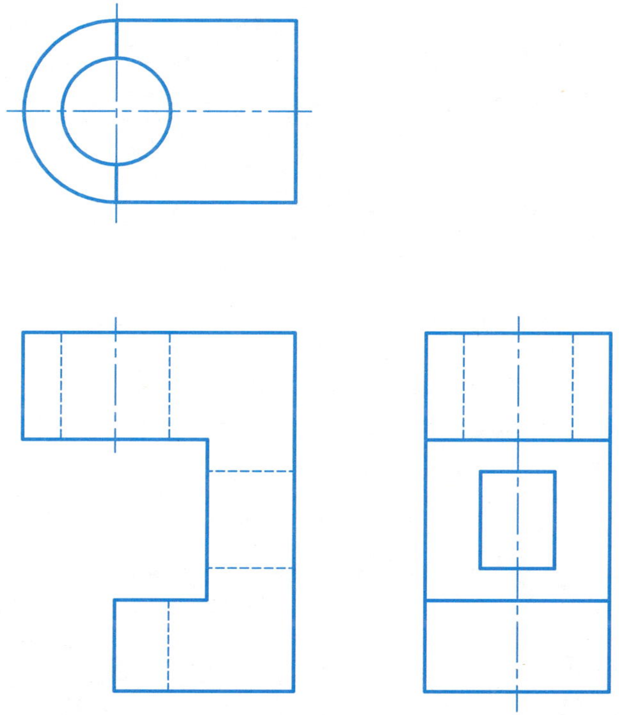

(8)

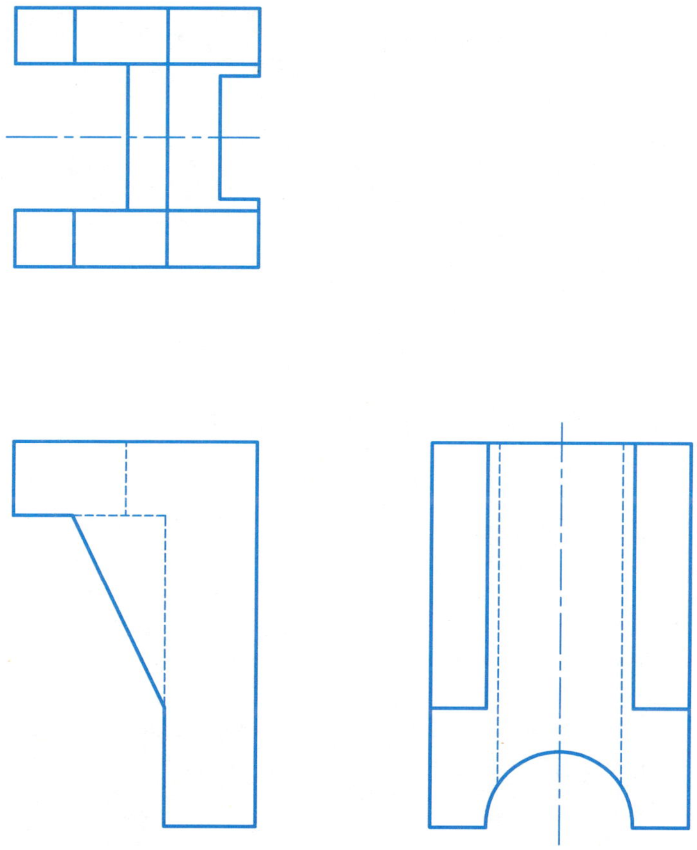

3. 补齐下列各视图中所缺的图线。

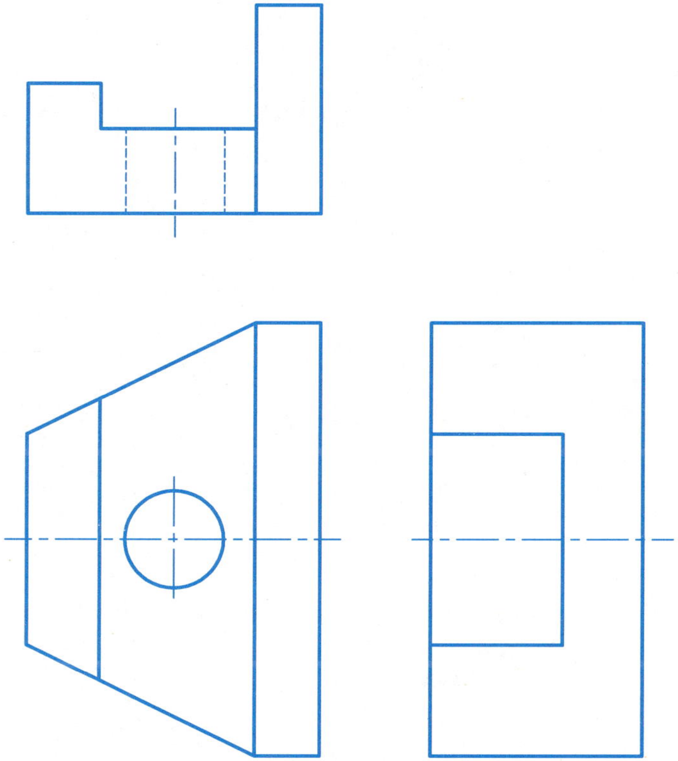

(9)

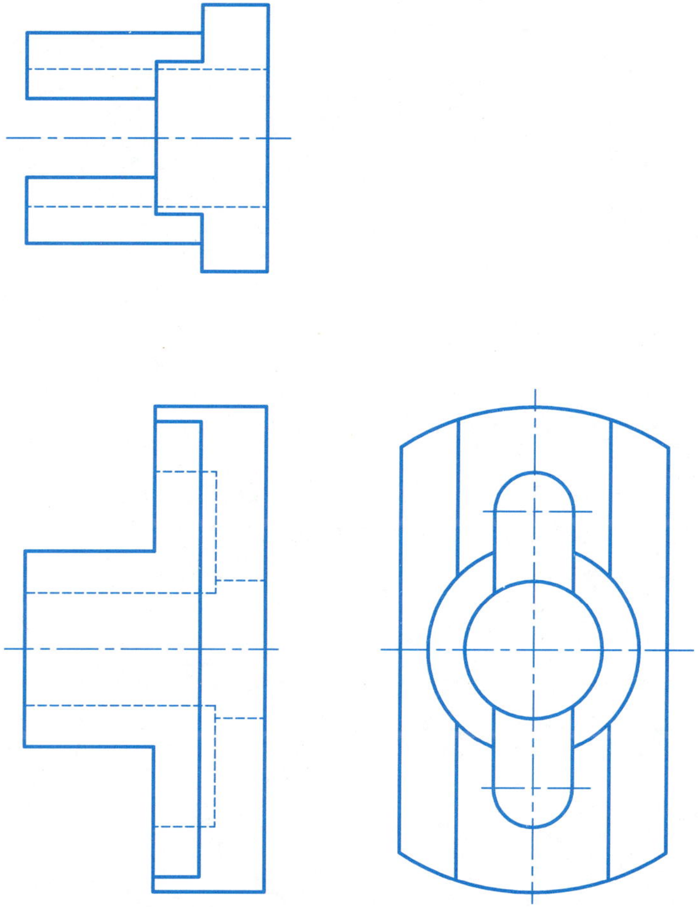

(10)

班级:______ 姓名:______ 学号:______

3. 补齐下列各视图中所缺的图线。

(11)

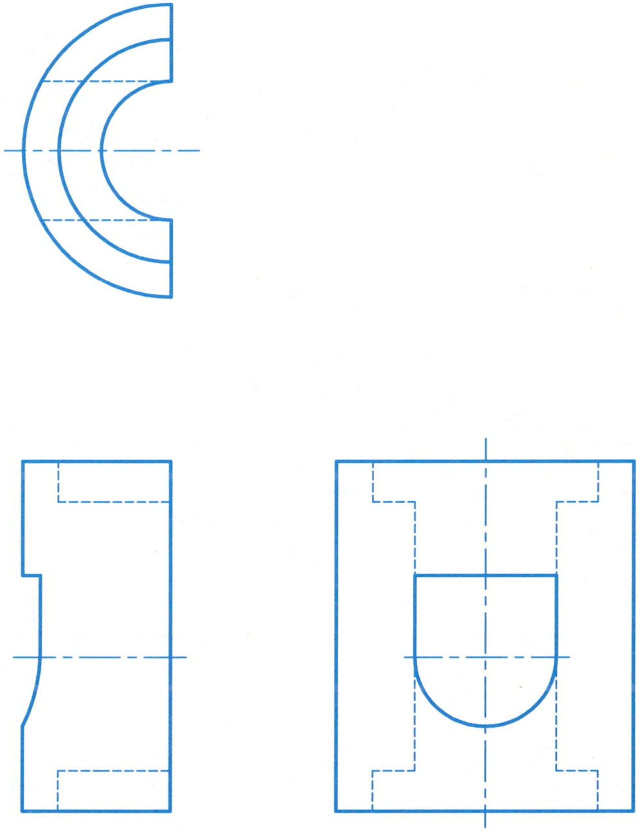

(12)

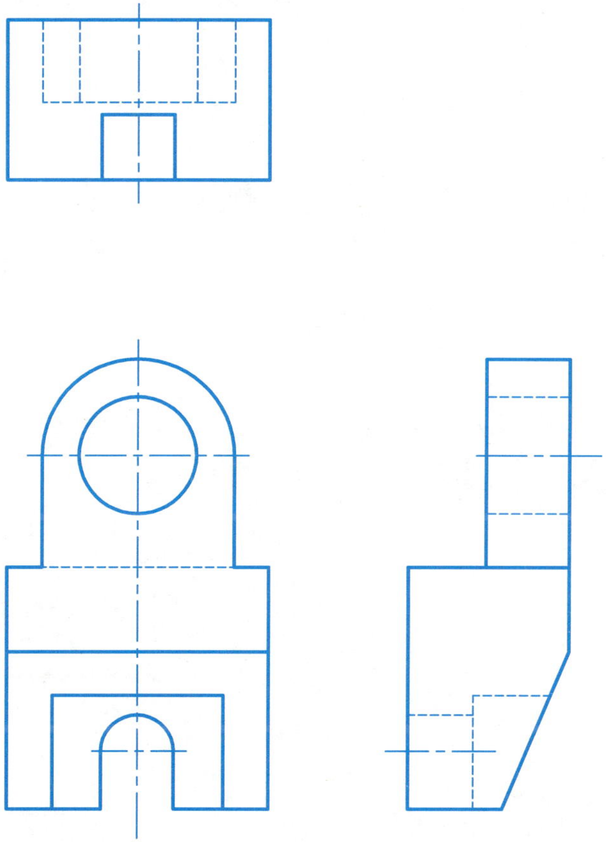

8.7 组合体综合训练

班级:__________ 姓名:__________ 学号:__________

1.读懂组合体的主、俯视图，补画出左视图并标注尺寸(尺寸数字按1∶1从图中量取)。

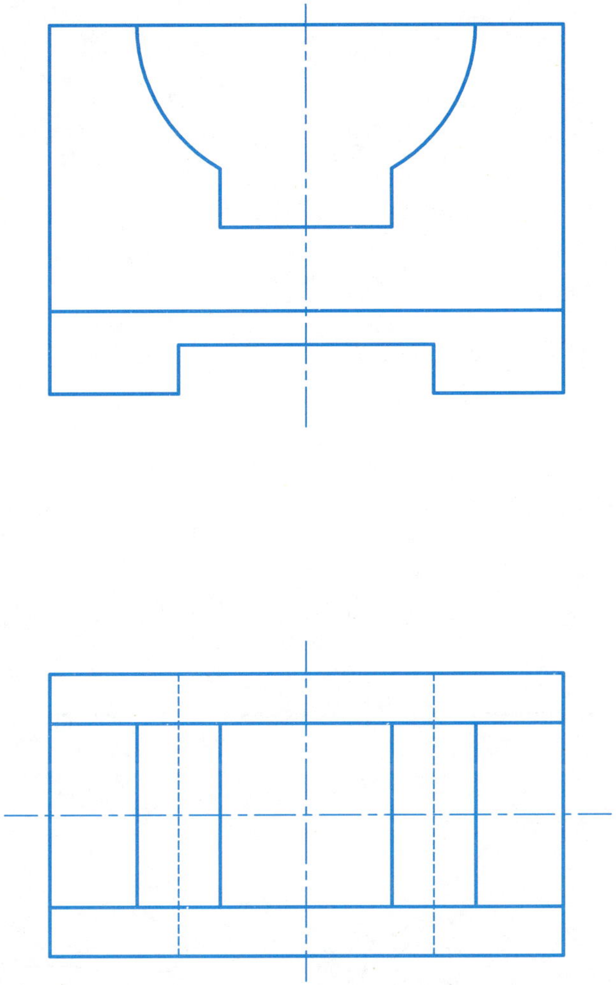

班级：________ 姓名：________ 学号：________

2. 读懂组合体的主、俯视图，补画出左视图并标注尺寸(尺寸数字按1∶1从图中量取)。

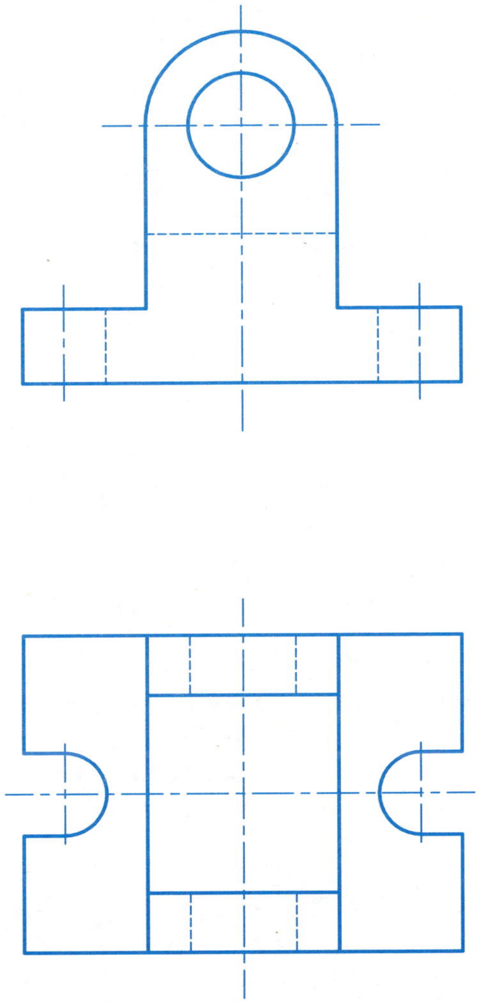

3.读懂组合体的主、俯视图，补画出左视图并标注尺寸(尺寸数字按1∶1从图中量取)。

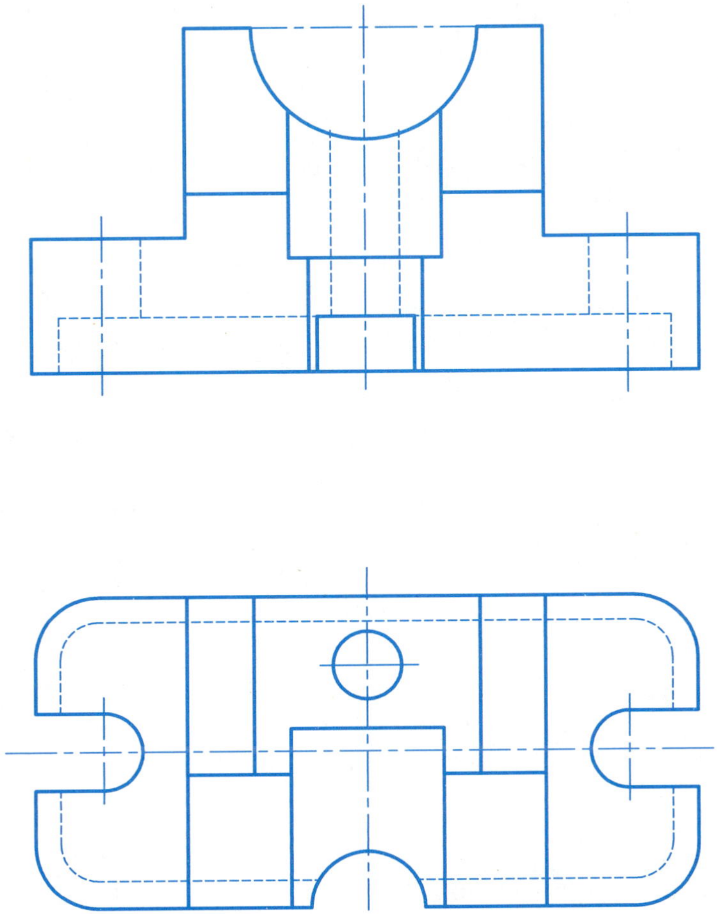

4. 读懂组合体的俯、左视图，补画出主视图并标注尺寸(尺寸数字按1∶1从图中量取)。

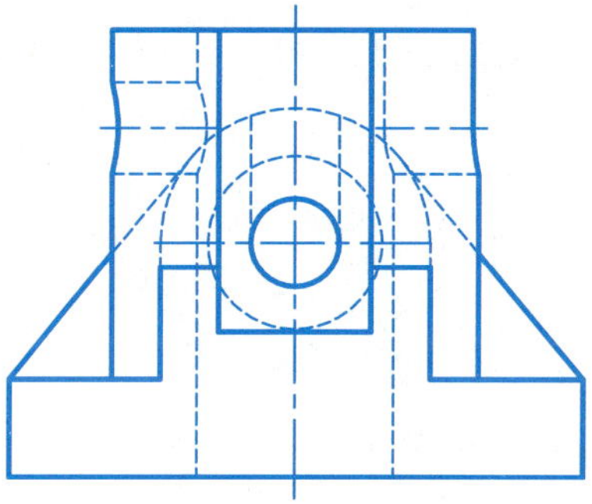

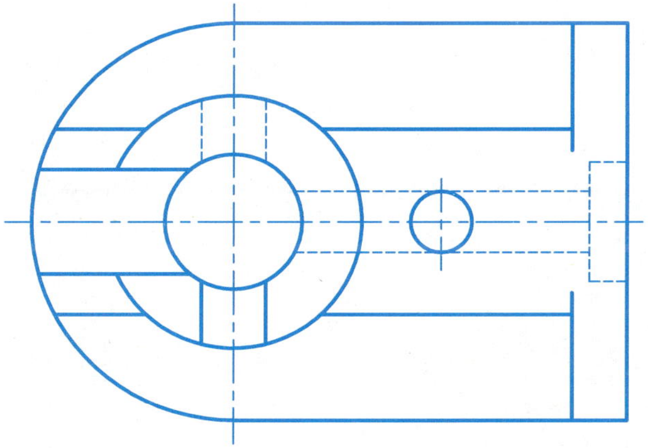

5.读懂组合体的主、俯视图，补画出左视图并标注尺寸(尺寸数字按1∶1从图中量取)。

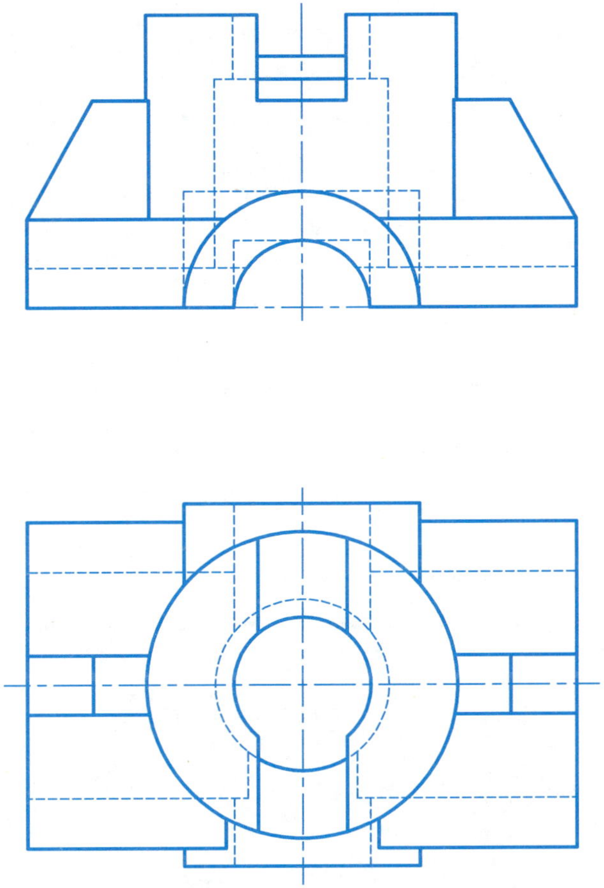

第 9 章　轴测投影图

9.1　正等轴测图

班级:__________　姓名:__________　学号:__________

1. 根据给出的视图,画出立体的正等轴测图。

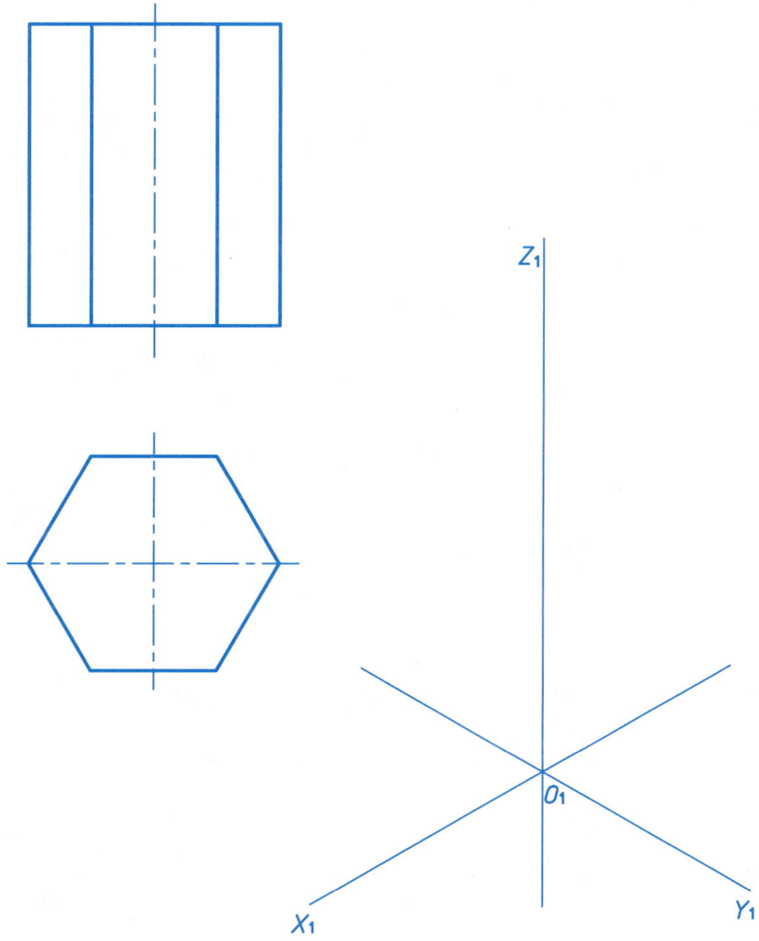

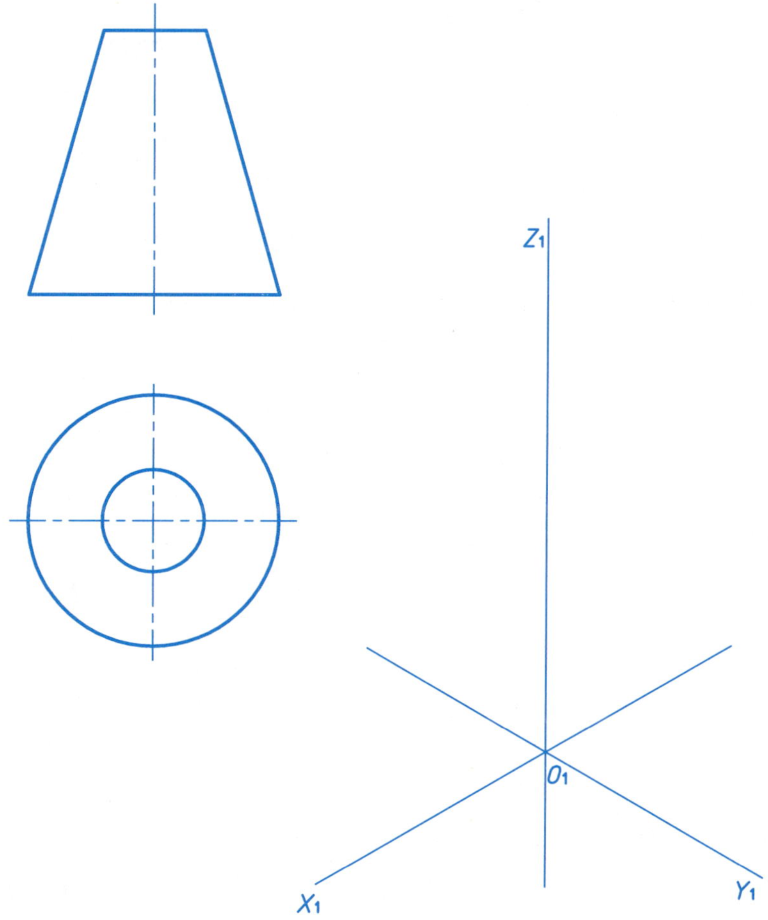

2. 根据给出的视图，画出组合体的正等轴测图。

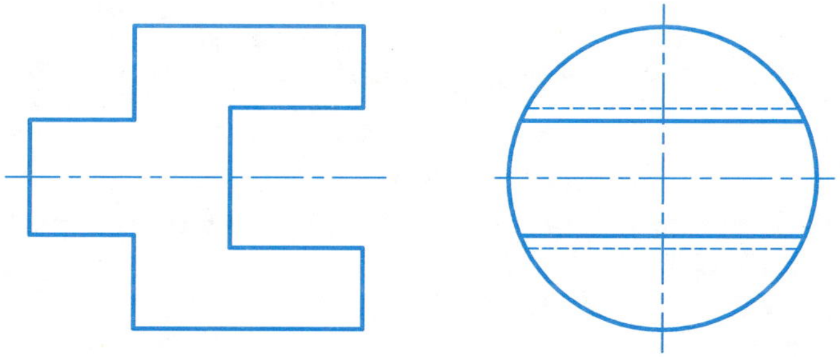

(1)

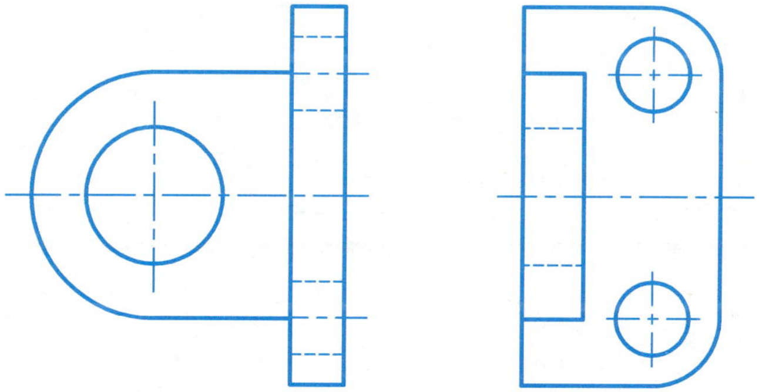

(2)

班级：________ 姓名：________ 学号：________

3.根据立体的主视图和俯视图，补画左视图，并完成立体的正等轴测图。

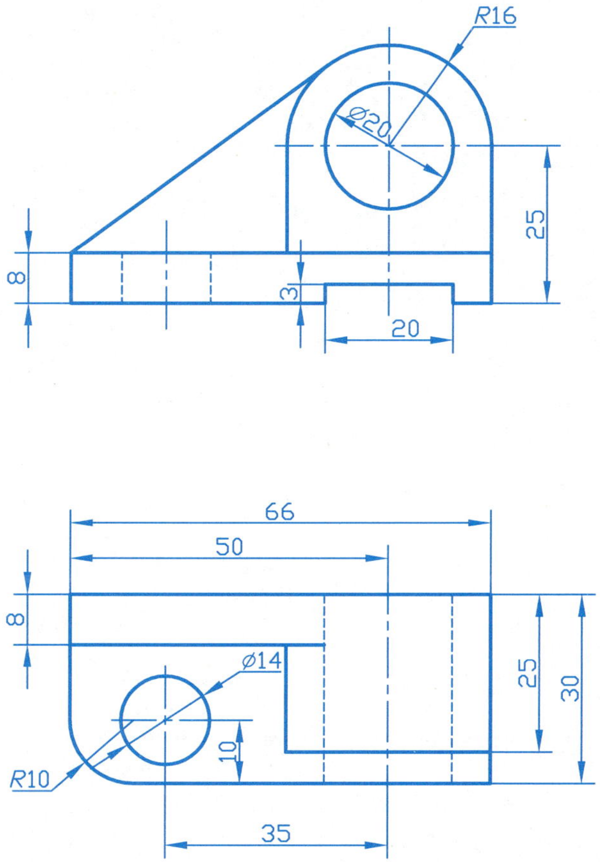

 班级:________ 姓名:________ 学号:________

4.根据立体的主视图和俯视图，补画左视图，并完成立体的正等轴测图。

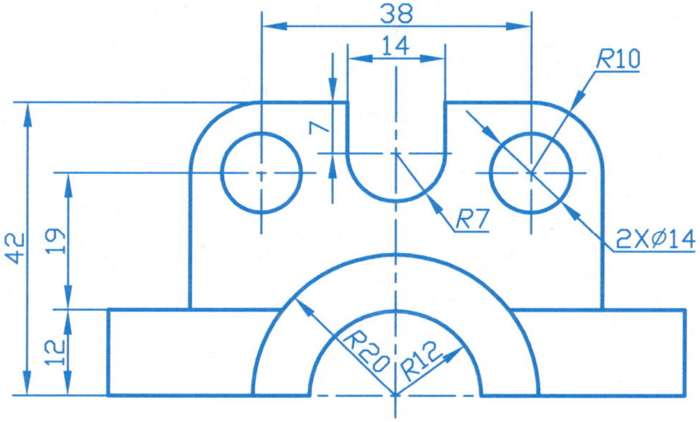

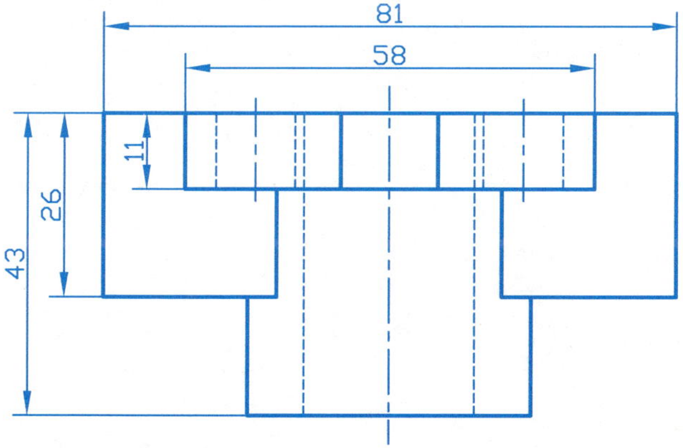

班级：________ 姓名：________ 学号：________

1.根据给出的视图，画出物体的斜二轴测图。

(1)

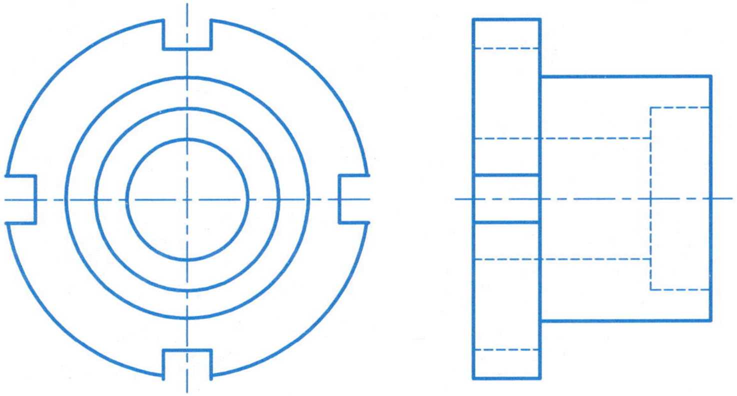

(2)

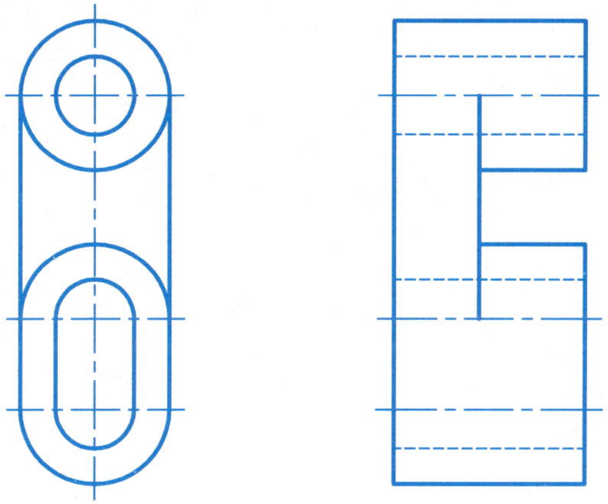

班级：__________ 姓名：__________ 学号：__________

1. 根据给出的视图，画出物体的正等轴测剖视图。	2. 根据给出的视图，画出物体的斜二等轴测剖视图。
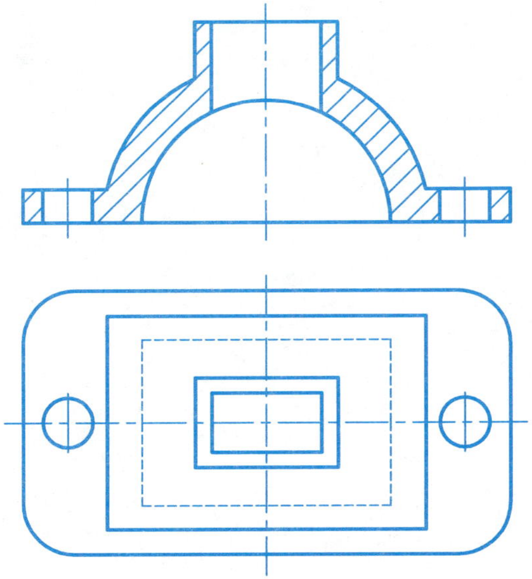	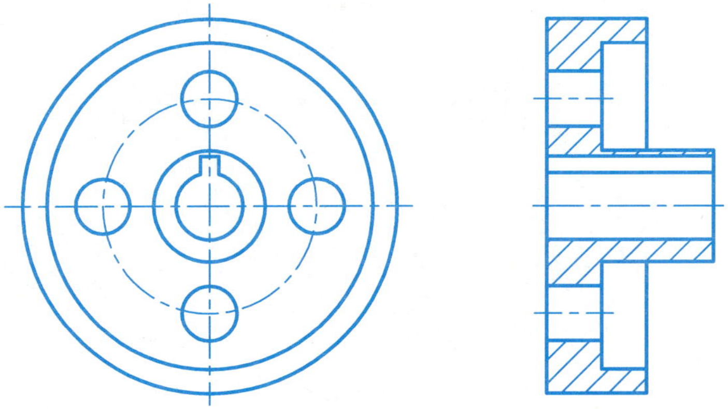

参考文献

[1] 任宗义. 画法几何及机械制图[M]. 北京:机械工业出版社,2001.
[2] 贺光宜,唐之清. 画法几何及机械制图[M]. 重庆:重庆大学出版社,1994.
[3] 中国纺织大学工程图学教研室. 画法几何及工程制图[M]. 4 版. 上海:上海科学技术出版社,1997.
[4] 刘黎. 画法几何基础及机械制图[M]. 北京:电子工业出版社,2006.
[5] 王兰美. 机械制图[M]. 北京:高等教育出版社,2004.
[6] 叶玉驹,焦永和,张彤. 机械制图手册[M]. 4 版. 北京:机械工业出版社,2008.
[7] 蒋红英,盛尚雄. 土木工程制图[M]. 北京:中国建筑工业出版社,2006.
[8] 陈倩华,王晓燕. 土木建筑工程制图[M]. 北京:清华大学出版社,2011.